· 超级思维训练营系列丛书 ·

让你拥有魔法的记忆

RANGNI YONGYOU MOFADE JIYI

李宏 ◎ 编著

心智活动的管库人 ———☆——— 往事再现的魔力镜

中国出版集团　现代出版社

图书在版编目(CIP)数据

让你拥有魔法的记忆／李宏编著. —北京:现代出版社,
2012.12(2021.8 重印)

(超级思维训练营)

ISBN 978 – 7 – 5143 – 0994 – 2

Ⅰ. ①让… Ⅱ. ①李… Ⅲ. ①记忆术 – 青年读物②记忆
术 – 少年读物 Ⅳ. ①B842.3 – 49

中国版本图书馆 CIP 数据核字(2012)第 275748 号

作　　者	李　宏
责任编辑	李　鹏
出版发行	现代出版社
通讯地址	北京市安定门外安华里 504 号
邮政编码	100011
电　　话	010 – 64267325　64245264(传真)
网　　址	www.xdcbs.com
电子邮箱	xiandai@ cnpitc.com.cn
印　　刷	北京兴星伟业印刷有限公司
开　　本	700mm ×1000mm　1/16
印　　张	10
版　　次	2012 年 12 月第 1 版　2021 年 8 月第 3 次印刷
书　　号	ISBN 978 – 7 –5143 –0994 –2
定　　价	29.80 元

前　言

　　每个孩子的心中都有一座快乐的城堡,每座城堡都需要借助思维来筑造。一套包含多项思维内容的经典图书,无疑是送给孩子最特别的礼物。武装好自己的头脑,穿过一个个巧设的智力暗礁,跨越一个个障碍,在这场思维竞技中,胜利属于思维敏捷的人。

　　思维具有非凡的魔力,只要你学会运用它,你也可以像爱因斯坦一样聪明和有创造力。美国宇航局大门的铭石上写着一句话:"只要你敢想,就能实现。"世界上绝大多数人都拥有一定的创新天赋,但许多人盲从于习惯,盲从于权威,不愿与众不同,不敢标新立异。从本质上来说,思维不是在获得知识和技能之上再单独培养的一种东西,而是与学生学习知识和技能的过程紧密联系并逐步提高的一种能力。古人曾经说过:"授人以鱼,不如授人以渔。"如果每位教师在每一节课上都能把思维训练作为一个过程性的目标去追求,那么,当学生毕业若干年后,他们也许会忘掉曾经学过的某个概念或某个具体问题的解决方法,但是作为过程的思维教学却能使他们牢牢记住如何去思考问题,如何去解决问题。而且更重要的是,学生在解决问题能力上所获得的发展,能帮助他们通过调查,探索而重构出曾经学过的方法,甚至想出新的方法。

　　本丛书介绍的创造性思维与推理故事,以多种形式充分调动读者的思维活性,达到触类旁通、快乐学习的目的。本丛书的阅读对象是广大的中小学教师,兼顾家长和学生。为此,本书在篇章结构的安排上力求体现出科学性和系统性,同时采用一些引人入胜的标题,使读者一看到这样的题目就产生去读、去了解其中思维细节的欲望。在思维故事的讲述时,本丛书也尽量使用浅显、生动的语言,让读者体会到它的重要性、可操作性和实用性;以通俗的语言,生动的故事,为我们深度解读思维训练的细节。最后,衷心希望本丛书能让孩子们在知识的世界里快乐地翱翔,帮助他们健康快乐地成长!

目 录

第一章　他们是天才吗

让你拥有魔法的记忆

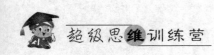

第二章　人类大脑的自白

第三章　带你飞过记忆障碍

第四章　记忆的魔法

让你拥有魔法的记忆

第一章　他们是天才吗

古希腊记忆女神

位于欧洲大陆的古希腊是一个盛产传说的地方，而在这其中就有一个关于记忆女神的传说，那便是女神谟涅摩绪涅的故事。

谟涅摩绪涅是古希腊传说中最美丽的女神。传说天神宙斯在跟她缠绵九天九夜后，谟涅摩绪涅生了 9 个缪斯女神，她们主司着诗歌、舞蹈、音乐、文学、悲喜剧和天文。在古希腊人眼中，宙斯象征着活力，谟涅摩绪涅象征着记忆，宙斯和谟涅摩绪涅的结合则象征着活力注入记忆，就会产生创造力和智慧。

"记忆术"的英语词根正是由女神谟涅摩绪涅的名字演变得来的。古希腊人将记忆视作艺术和科技之母，说明人的记忆力在整个文明形成的过程中作用巨大。

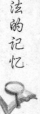

记忆是智慧之母，没有记忆，任何学习都不可能；记忆是思维的仓库，可以为思维提供材料。记忆使我们深思熟虑、理性决策；使我们懂得生活，分享快乐。记忆力在我们生活、学习、工作中都扮演着极其重要的角色，是我们最宝贵的财富之一。记忆力的好坏往往成为我们学习、工作的关键。然而遗忘是每个人都遇到过的事，也是世间最平常的

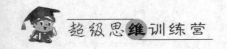

事之一，那么记忆力培养就显得尤为重要了。

古希腊人认为记忆在于联想。就是你要记住某件东西，就要依靠你的想象力，充分调动身体的感觉器官并发挥想象力，把需要记忆的内容与身边常见的事物挂钩。

比如把要记忆的内容与色彩、节奏相挂钩。其中，记忆的色彩越鲜活、越丰富，效率就越高；想象得越生动，记忆越容易，比如夸大、缩小、荒诞；记忆内容的节奏感越强、对节奏的印象越深刻，就记得越清楚。

利用想象力记忆的最大缺点就是提取不便。记忆的目的是用，只有快速准确地提取出所需信息，才是有效的记忆。所以，记忆的同时还要有序地整理、放置。

其实，古希腊人的这些记忆原则和方法原理与我们现今的科学记忆术是相通的。我们的大脑是人体最神奇且神秘的部分。大脑分为左右脑，左脑负责语言、逻辑思维、计算、分析和排序等功能，右脑则负责立体、色彩、想象、节奏、空间等功能。只要我们在记忆时能充分协调好左右脑的功能来同时记忆，那么就会容易记住所学内容。

虽然古希腊人无从得知，自己所运用的记忆方法背后的科学原理是什么，但是，他们在不知不觉中已经将科学的记忆方法运用到了自己的生活学习中了。

思维小故事

吃饭时的证据

一天，渔民张生老汉和女儿银凤来到白莲江上撒网捕鱼。第一网就收了满网鱼，张生老汉乐得合不拢嘴，银凤那美丽的脸蛋也笑成了一朵莲花。

突然，一个恶狠狠的声音从前面传来："让开，让开，这地方是老子早占了的。"

张生老汉和银凤一抬头，看见前面横住了一条大渔船，船头上站着刚才喊话的那个人。身后还站着几个恶汉。张生老汉认识这个人，他是邻村的一个恶棍，叫刘大行，经常在江面上为非作歹。

张生老汉气愤地说："刘大行，都说你改恶从善了，怎么又来到江面上称霸呢？"

这时，刘大行也认出了张生老汉，便把眼睛一横说："不是我霸道，我昨天晚上就选好了这块地方，不信你问问他们。"

"是啊，到这里捕鱼是我们大伙儿昨天晚上一起商定了的。"刘大行身后的那几个人随声附和着。

"哼，看你还年轻，这次我就让了你！"张生老汉回头招呼银凤，"走，咱们不跟他一般见识！"

"慢着！"刘大行把手一伸，阴阳怪气地说着："这么走可不行，得把鱼留下！"

"什么？你……"张生老汉气得说不出话来。

"火什么？这些鱼要不是被你打上来，早就进了我的船舱！"刘大行说着把手一挥，"靠近点，给我装鱼！"

大船很快靠近了小船。张生老汉是个倔脾气，见他们要上船抢鱼，便双手横握船橹，站在船头说道："刘大行，这次我本想宽容了你，可你却得寸进尺。现在你离开这里还为时不晚，如若不然……"

"妈的，大爷怕过谁？我看你是不想活了！"刘大行说着，从身上抽出一把腰刀，举起来就朝张生老汉砍去。

张生老汉用大橹挡住了刀。刘大行哪肯罢手，一声呼唤，手下的人一齐冲了上来，将张生老汉团团围住。刘大行趁张生老汉不注意，一刀砍去，张生老汉哎哟一声，被砍倒在船上。

银凤见爹爹被人砍倒，不顾一切地冲上去拼命。刘大行并不躲闪，趁机抱住银凤。

"哈哈哈，这水鸭子还真够野性的。要知道，你刘爷爷什么样的姑娘没见过！哈哈……"

银凤恨得浑身颤抖，一口咬在了刘大行的胳膊上。

"哎哟！"刘大行哀嚎一声，撒开了手。

银凤趁机跳到了船头。

这时，不远处围拢过来十几条渔船，刘大行一看不妙，仓皇逃跑了。

渔民们听了银凤的哭诉，都劝银凤去衙门告刘大行。银凤抹了把眼泪，在乡亲们的陪伴下，抬着张生老汉的尸体来到县衙门击鼓告状。

县令听了银凤的诉状，开始勘验了尸体，见张生老汉的致命伤是在右边肋骨上，便立即命衙役把刘大行等人传唤到了堂上。

"是你杀死了张生老汉吗？"县令问道。

"回大人话，小人已经改恶从善了，哪能干出那杀人的事呢？您可千万不要轻信那小女子的话！"刘大行讨好地望着县令说。

"不对。我们大家都看见了是你领人行的凶作的恶！"一个青年渔民挺身而出。

"是的，我们都看见了！"众渔民齐声做证。

县令看了看刘大行，又问道："这是怎么回事呢？"

"我……"刘大行的眼珠子转了两转，又说道："张生老汉是我这船上的人杀的，但不是我。"说完，他紧紧盯视着自己的几个手下人。

县令想了想，又问众渔民："你们看见是谁杀死了张生老汉？"

众渔民你看看我，我看看你，谁也答不上来。

"你们都没有看见，这叫我怎么断呢？都下去等着。"县令说完坐在椅子上闭目养起神来。

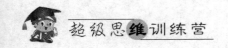

不知过了多久，县令睁开眼睛，对衙役说道："端些饭菜来，分给他们吃！"

不一会儿，差役把饭菜分给他们吃。

吃完饭，县令把刘大行叫出来对他说道："本县令现已查明杀人凶手就是你！"

在有力的证据面前，刘大行只得低头认罪了。

这个县令是如何判断出杀人凶手的呢

参考答案

县令在勘验死者伤口时，发现致命伤在右边肋骨上，便知道凶手一定是个左撇子。于是，县令让他们吃饭，从而发现刘大行手下的几个人都是用右手拿筷子，而唯独刘大行是用左手。因而断定刘大行就是杀人凶手。

西摩尼得斯与"罗马室"

记忆术的始祖是西摩尼得斯。他是古希腊著名的抒情诗人，在为斯巴达300勇士立名的温泉关战役所创作的史诗至今仍在传唱。

据说有一次，西摩尼得斯参加了一个贵族举办的宴会。主人请他吟诗，他便吟诵了一首抒情诗。这首抒情诗赞美了主人，还赞美了双子座双神"卡斯达"和"波力克斯"。于是，主人对西摩尼得斯说："我付钱让你给我吟诗，但是你并不是只赞美了我一个人，所以我就只能给你这首诗的一半酬劳，剩下的一半你去找你赞美的双子神去要。"于是贵族只付给了西摩尼得斯一半酬劳。

宴会继续进行，可是不一会儿，侍卫进来禀报，说门外有两名年轻人，指名要西摩尼得斯出去相见。西摩尼得斯获准出去会见，可是等西摩尼得斯出门去看时，大门外却没有人。就在西摩尼得斯感到非常奇怪的时候，突然轰隆一声巨响，正在举行宴会的大厅屋顶就在西摩尼得斯面前崩塌了！贵族主人和参会的客人们都被埋在了瓦砾下面，无一幸免。西摩尼得斯因为在大厅外而逃过这一劫。侍卫报信说的两个年轻人正是双子神，他们把西摩尼得斯叫到外面从而救了他一命。

负责此案的罗马官员要求西摩尼得斯重回现场，希望能在西摩尼得斯的帮助下了解受害者有多少，都是谁，并通知其家属。于是西摩尼得斯回到大厅开始回忆，从废墟下挖出来的遇难人员已经被坍塌的瓦砾砸的面目全非，几乎完全分不清谁是谁了，碎尸块满地都是，场面惨不忍睹。

罗马官方原本也只是例行公事，要分清这么多人几乎就是不可能的事情。但是让他们震惊的是，西摩尼得斯却清晰地说出了所有遇难者用餐时的座位，原来，他就在短短的时间内竟记住了所有人用餐时所就席时坐的位置，通过座位与名字的对应，他就这么轻松地分辨出了所有的遇难者。

西摩尼得斯所用的这种记忆方法是将所需记忆的东西结合地点法来增强回想时的连贯性，从而成为将串联成一系列事件的记忆对象牢固地记忆起来的一种记忆方法。他这样正是充分地利用了右脑擅长形象记忆和空间记忆的能力。西摩尼得斯的这种通过建立一个清晰印象深刻的"房间"，而后把要记忆的事物与此建立联系的记忆方法被后人称为"罗马室"。

大约在1世纪，罗马著名演说家西塞罗将这个方法进行了扩充。他只要看到座位上的摆设或物品，就能在很短的时间之内记住厚厚一摞资料，让人惊叹不已。他曾经向一些人展示过他所使用的这种方法，实验开始，他在心里组合资料，然后走进一间房，在房子里的不同位置以及房子中安置的各种家具上"存放"它所要记忆的不同的材料，就像输入电脑里一样。然后他开始向他的观众描述不同位置所"安放"的各个记忆材料，带着他的观众井然有序地将他如何使用这种方法的经过演示了一遍。而他所用的方法就是上述说到过的"罗马室"记忆法。

要学会并且运用"罗马室"记忆法，首先你要明白，需要通过细心的观察将你所看到的事物在脑海中留下一个印象，比如利用房间来进行记忆，那么你对房间的第一感知要非常深刻，房间的各个角落都要深深地刻在你的脑海中。

对于你需要"放入"记忆材料的对象，也就是"房间"或者是"房间"里的各种物品，首先要找出一个能让你能轻松回忆起它们的形象，以及可以在内心看见的特征。比如你选择利用你的书桌来进行记忆，首先是书桌，那么你的书桌给你印象最深刻的地方是什么？或许是书桌上特殊的花纹，又或者是别具一格的造型，总之，当初你选择这个桌子当你的书桌肯定是有一定理由的，这就是你喜欢它的地方，也是它的特征和优点。这个特征是不固定的，所以平时应善于观察，找出生活中被忽略掉的特征，你的记忆点就会慢慢成为一个有组织的系统，对于更加深刻、轻松的记忆是很有帮助的。

然后就是在这个基础上再建立一个心灵画面，闭上眼，想象自己从房间外进入房间的过程，首先是推开门，仔细回想房间的门把手是什么样子的，什么颜色，摸上去的感觉是冰凉的还是温暖的。然后你的脚踏上房间里的地板，回想是什么感觉，然后你"看"到了自己房间的摆设，这些都是你自己或父母设置的方位，床在哪里，床的旁边摆放的是床头灯还是书柜？书柜旁边是阳台还是书桌？然后墙壁上有什么？就这样从左到右或者从右到左，仔细回忆你房间的摆设，把它牢牢记在脑海里，成为一个收容记忆材料的"收纳箱"。

思维小故事

头上的证据

　　一天，一个叫齐也强的农民顶着酷日吃力地在乡间土路上走着。当他来到一个三岔路口时，摘下围在脑袋上的毛巾，擦拭了一下脸上的汗水。他只觉得口渴得很，便下意识地舔了舔干裂的嘴唇，心想，要是有口水喝该多好哇！

　　这时，正巧从后面赶上来一个小和尚。

　　齐也强看见小和尚腰里挂着个水葫芦，便恳求道："小师傅，我走得太渴了，给口水喝可以吗？"

　　这个小和尚心地善良。他见是一个路人向自己讨水喝，忙从腰间摘下水葫芦，递过去说："喝吧，喝饱了好赶路。"

　　齐也强听了这话，急忙一把拿过水葫芦，咕噜咕噜地喝起来。转眼间，一葫芦水让他喝了个精光。喝完水，齐也强抹掉嘴角边的水珠，似乎一下子来了精神："太好了，真痛快啊！"

　　小和尚把空水葫芦挂在腰上，刚要继续赶路，却被齐也强拦住了。齐也强皮笑肉不笑地问道："小师傅，你这是干什么去呀？"

　　小和尚回答道："我出家 3 年了，刚刚得到了官府的承认，发给了度牒（即文凭），我这是要去江宁县化缘。"

　　听了小和尚的话，齐也强眼珠子一转，顿时萌生出一个恶毒的主意来。他想，种地实在太辛苦了，不如出家当和尚，干脆杀了这个小和尚，冒充他去江宁县化缘，岂不乐哉！于是，齐也强笑着对小和尚说：

让你拥有魔法的记忆

"我也是去江宁县，咱们结伴而行吧！"

小和尚听了很高兴，两个人结伴上路了。可是，还没走出多远，齐也强趁小和尚不防备，抽出柴刀，把小和尚砍死了。齐也强拿了小和尚的度牒，并在路过一个村子时，求人剃了光头，冒充起和尚来。

齐也强一路化缘，不知不觉来到了江宁县城。这天，他来到了县衙，向县令张咏递上了度牒，申请发给到江宁县化缘的凭证。张咏看过度牒，刚要签证，目光忽然在齐也强的脑袋上停住了。

"你出家几年了？"

"整整 10 年。"

这时，张咏大喝一声："好你个杀人凶犯，竟自投罗网来了！来人，给我把他捆起来！"

齐也强被衙役捆了个结实，押进了死牢。

张咏怎样推断出齐也强就是杀人凶犯的呢？

参考答案

张咏早就接到了报案，说是有一个小和尚被人杀死在路边。正巧，不几天后，齐也强来此地化缘。张咏检查了度牒，没有发现可疑的地方，可是却发现齐也强的头上有扎头巾的痕迹。和尚是从来不扎头巾的。张咏就这样认出了凶犯。

被无名小卒欺骗的曹操

一代枭雄曹操小时候就非常聪明，机警过人。

曹操"望梅止渴"的故事大家都听说过，可是就是这样一个聪明过人，甚至说出"宁教我负天下人，不教天下人负我"的天才，竟然被一个无名小卒给骗了，而且还因此毁掉了本可以与《孙子兵法》齐名的千古兵书。这是怎么回事呢？

相传三国的时候，一个叫张松的小人物去求见曹操。张松身材矮小，相貌也很丑。曹操觉得这个人没有什么才华便没有用礼数对待他，一边洗脚一边接见，张松见了曹操对他这般不恭敬便憋了一肚子气。

第二天，杨修拿出曹操的《孟德新书》给张松看。《孟德新书》是曹操结合自身实战经验与前人兵法总结出的绝世兵书。杨修本打算让张松瞧瞧曹操的大才，好在他面前炫耀炫耀。

但是张松一看机会来了，于是他假装漫不经心地看着书，然后故意笑着对杨修说:"这种书我家乡三岁的小孩子都能背诵,怎么能叫作新书呢?这本书是战国时期的人写的,名字现在已经不可得知了,但是曹丞相盗用这个人的著作就是无能的表现!"

杨修不相信,于是张松就说:"如果你不相信,你可以考考我,我试着给你背诵一下。"令杨修感到十分惊讶的是,张松竟真的将《孟德新书》从头至尾背诵了一遍,而且没有一个字的差错。

杨修于是连忙前去告诉曹操。曹操听完后也感到奇怪:"难道我和古人的想法竟相似到这样高的程度?奇怪呀。"曹操也没有多想,只是认为自己的书没有新意,便命人将书毁去。于是这一本能与《孙子兵法》齐名的绝世兵书,就在曹操一句话之后付之一炬了。

其实曹操没想到,他这一烧刚好就上了张松的大当:张松在将《孟德新书》看了一遍后就已经将全书背诵下来了!曹操的得意之作就这样"毁"在了张松惊人的记忆力前。

张松在历史上可以说是个无足轻重的人物。然而他的名字却最终得以流芳百世,很多有才学的人甚至都比不上他在历史上的名气。这说明普通人对自己平凡记忆能力的无奈以及对那些过目不忘的记忆天才的崇拜与羡慕。自古至今,过目不忘都是智慧与博学的象征。拥有这种能力的人自然而然受到人们的崇拜与尊敬。可见,记忆力对人来说有多重要!

用耳朵记忆的音乐家

德里克·帕拉维奇尼是一个传奇人物。他是位音乐奇才。

德里克出生于英国一个上流社会家庭,是英国王储查尔斯妻子康沃尔公爵夫人卡米拉·帕克-鲍尔斯的外甥。他早产12个星期,出生时只有0.6千克,正常人一般至少达到2~3千克,可以想见德里克出生时有多弱小。但是他的母亲始终不肯放弃他，后来经过医生的全力救治，他竟奇迹般的活了下来，但也因为吸氧过度而双目失明。可怜的德里克，从一出生就是一个盲人。

而且，由于早产，他还患有严重的语言功能障碍和认知障碍。到31岁仍然只会最简单的对话，穿衣吃饭都需要在家人的帮助下才能完成。在他成名后有一位记者采访他：

"你学习弹钢琴大概有多久了？"记者莱斯利·斯塔尔问。

"一年。是不是一年？啊，我也不知道。"德里克说。

"那么告诉我你今年多大了？"记者继续问道。

"我不知道自己几岁了，不知道。"

但，就是这样一个在常人看来完完全全没有任何期望价值的"大傻瓜"却在世人面前展现了不可思议的一面。他是一个不折不扣的音乐天才！帕拉维奇拥有超出常人的听音能力，无论是什么旋律他都只需要听一遍就能记住每一个音符，而且还能准确地听出一个含10个音符的和弦中，每个音符的准确音高，而大多专业音乐家都只能听出其中5个音符！不得不令人称奇。

不仅如此，他的记忆力也是相当之惊人，记忆上千首的乐曲对他来说也只不过是小菜一碟，在他大脑中的乐曲容量堪比强大的音乐播放器。而且帕拉维奇还有非常惊人的演奏天赋，在现场演奏的时候几乎没有人能找出他演奏中的错误，即便他确确实实演奏错了，他也能自己在遵循原曲的基础上对乐曲即兴修改。因此，听他的演奏会，永远都会有惊喜，你会发现听过无数次的乐曲在他的手指尖荡漾出不一样的旋律与风采。

在他3岁的时候，德里克的姐姐意外发现了他的音乐天赋，并且告诉了他的父亲。那一天，他们去教堂做礼拜，回到家之后，德里克用他的玩具琴将他们早上在教堂听的一首曲子完完整整地弹了出来。这件事令全家都十分高兴。

让你拥有魔法的记忆

　　他的父母就把他送到了一所盲人学校，而就是在这所学校里，德里克遇到了他人生中最重要的一位老师——奥克尔福。在奥克尔福的帮助下，德里克进步非常快，3 年之后他就在一次大型的慈善晚会上展现了他高超的钢琴技艺，演出获得了空前的成功；德里克非常激动。

　　就这样，德里克开始了他美妙的音乐之旅：他曾在著名爵士乐手云集的朗尼·史葛爵士乐俱乐部演出；他的案例被收录进两本专门研究天才的文献当中；美国著名电台广播节目"60 分钟"也前来录制他的音乐会。现在，帕拉维奇尼已经在英国布里斯托尔市圣乔治剧院举办他的巡回音乐会了！

　　从现代医学的角度来说，德里克患的是一种叫作学者综合征的病症。这种病症的患者有认知障碍，但是在其他方面，比如音乐等艺术或数学等学术方面，却拥有超乎常人的能力，这使得他们成为十分明显的"偏科生"。

　　当然，这只是打个比方。但是，"在某一方面十分突出"这一点，是在国际研究上已经被证实了的。但也不是所有的自闭症患者都有拥有如此出众的天赋，他们之中患学者综合征的大约占 10%，而大脑损伤患者中患此病症的则更少，大约只占 0.05%。

　　一般情况下有认知障碍的患者他们的智商大多低于 70，但在一些特殊测试中的成绩却远远高于正常人，所以他们也被称为"白痴天才"。

　　这个也很容易解释，因为我们现在所使用的大多数测试手段均是针对正常人的。这些异于常人的患者，的确无法用正常的思路对他们进行测试。所以在生活中，我们也不能以一个人的智商高低去评论一个人，就像考试分数不能完全代表一个人的能力一样。

　　这些"白痴天才"拥有的天赋各不相同，有的擅长演奏乐器，有的擅长数学计算，有的是美术天才，有的能够在几秒内准确说出某年某月某日是星期几等等。还有很多像德里克这样的"天才"，比如美国著名音乐演奏家莱斯利·莱姆克。

莱姆克在 14 岁的时候，偶然听到了电视上播放的一首钢琴曲。随后，他就把刚刚听到的这首曲子非常流畅地弹了出来，而且毫无差错，技巧掌握得也好，完全不逊于这首曲子的原创者——著名的音乐家柴可夫斯基先生。要知道，在弹出这首曲子之前他完全没有学过钢琴，到目前为止也没上过一堂课。莱姆克患有脑性麻痹，而且他还是一个双目失明的盲人。而现在，莱姆克已在美国及世界各地的音乐会中演奏及演唱数千首曲子了；他也能在演奏会场上即席演奏以及创作新曲。

著名的苏格兰画家理查德·瓦洛患有自闭症，从 17 岁起开始展览画作，英国前首相撒切尔夫人等政界名流都藏有他的作品。伦敦的一位艺术教授看了他童年的油蜡笔画作后，对他赞赏有加，称赞他为"了不起的珍品，同时具有机械工人的准确和诗人的眼光"。

美国的基姆·皮克是个"能行走的百科全书"。他熟记了超过 7600 本书的内容，美国的长途电话区域码、纵横交错的成千上万条高速公路编号、各个地区的邮政编码以及电视台的代号。他也和大多数患者一样，身体在发育的过程出了一些问题，导致某些器官功能完全丧失，日常生活大都依靠他父亲。电影《雨人》里由达斯汀·霍夫曼主演的角色"雷蒙"就是以他为原型创作的。

因此，不要觉得你比一般人差。上帝对待每个人都是公平的，他关了一扇门，就必定会为你开启一扇窗。这些伟大的人们都应该是我们学习的榜样。作为一个四肢健全的正常人，我们需要克服的困难绝对比他们要少，我们在生理上拥有比他们更多的优势，为什么他们能做到的事情我们做不到呢？

所以，一定要对自己有信心，要相信我们来到这个世界上是有原因的，相信在这个世界上绝对存在着某件事只有你一个人做得到，这是我们需要完成的使命。我们需要在生活中去寻找去发现，获得我们各自的天赋，一定要相信自己绝对拥有上帝赋予我们的独一无二的天赋！相信

让你拥有魔法的记忆

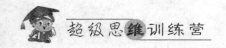

自己并以此作为动力，努力提高自己，我们会获得前所未有的成功！

思维小故事

被撕成两半的田契

从前，某县有一个叫洪作仁的小官，为人十分奸诈。一天，他来到自己家的田里查看苗情，发现旁边那块地里的庄稼比自己地里的庄稼长得好。于是他的眼睛里喷出了贪婪的欲火，决心要把那块地搞到手。

一天，他找到了那块地的主人刘庆，对他说道："我看你家人丁不旺，想给你出个好主意，可以免去你家的官差。"

"太好了！您快说吧，什么主意？"刘庆听说能有办法免去官差，高兴地催问道。

"别着急嘛！"洪作仁故意慢条斯理地卖起关子来，"这事好办，只要你听我的，准能办成。"

"你快说吧，我听你的！"

"那好，你只要把田税都交给我就行了！这样你并不吃亏，交给谁不都是交嘛。"

"这好办，上秋打下了粮食，我就把田税给你送去，你可千万不要食言。"

"本官虽然官位不大，但什么时候不是替老百姓着想，你尽管放心吧！"

一晃三年过去了，洪作仁贪污了刘庆两年田税。可是，他并不满足，他的目的不是只要那点田税，而是要把刘家的地搞到手。为了实现这个目的，他凭借自己的权力，伪造了一张田契。田契写好后，他又把它放在茶水里浸泡。一日后，当他把田契从茶水里捞出来时，脸上露出了得意的奸笑。那张伪造的田契已经变成了灰黄色，真像经过了几年变旧了似的。

一切准备妥当后，这天洪作仁来到了刘家，把伪造的田契放在刘庆的面前说道：

"这张田契上写得很清楚，你在3年前把田地卖给了我。从今天起，那块地就是我的了。"

"什么？"刘庆听了这话，又看看那张伪造的田契，气得浑身直颤，

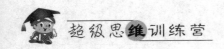

"那地是我祖上留下来的，年年交税直到如今。难道凭你这一张破纸就能归你了吗？"

"嘿嘿，交税？你交给谁了？"

"交给你了！"

"我可从来没收你的税！"

"什么？你……"刘庆这时才明白3年前洪作仁那片好心的真正目的。他把牙一咬，拉起洪作仁就要去县衙打官司。

"我正要去，白纸黑字，清清楚楚，还怕打不赢你！"因为有那张伪造的田契，洪作仁口气硬得很。

当日，两个人便来到了县衙。县令江平松向两个人询问了一遍后，把那张伪造的田契打开看了几眼，见上面写得很清楚，看不出一点可疑的地方。忽然，江平松拿起田契，嘶啦一声撕成两半，并笑着说：

"洪作仁，你伪造田契，想霸占人家的田地，该当何罪？"

洪作仁扑通一声跪在地上口喊冤枉。

"你把它仔细看看。"江平松说着，把那张被撕开的伪造的田契，扔在了洪作仁的面前。

洪作仁自知诡计已经被揭穿，只得认了罪。

江平松是如何鉴别出那是一张伪契的呢？

参考答案

如果田契因为天长日久变旧了，撕开之后露出的茬口应该是外黄里白；而江平松把伪造的田契撕开一看，却是表里如一，便知这一定是一张假田契。

阿拉伯人与《古兰经》

每个国家都有培养自己国家的孩子的一套方法。在朝鲜，每个孩子都要背诵包括四书五经在内的很多书；中国的孩子更不用说，中华文化源远流长，文言文、现代文，每天都要背诵特别多的文章。阿拉伯人也是一个非常优秀的民族。在丝绸之路上，阿拉伯人为中西文化交流与传递，促进世界文明的繁荣与发展做了极大的贡献。阿拉伯人教育孩子的方式和我们不一样，他们不是传授像我们中国跟朝鲜一样的四书五经，而是教授他们背诵他们的经典——《古兰经》。

这个民族非常重视知识。他们的孩子在很小的时候就被要求诵读以及背诵《古兰经》。在他们看来，为了让孩子从小就接受良好的熏陶，获得非凡的记忆能力，他们选择了一种最好的方式那就是背诵这部经典。

所以可以这么说，阿拉伯的小孩子从一岁多一点就已经开始接受记忆训练了。

到了三四岁的时候，他们的父母会把他们送进学校去念书。阿拉伯人认为孩子越早教育越好，所以孩子在很小的时候，父母就会教授他们什么叫完全的思考行为。大人会告诉孩子，每一个问题的答案都不是唯一的，不要拘泥于某一个课本传授的知识。与此同时，《古兰经》的背诵依然进行，大致到了孩子 5 岁的时候，基本上就能背下整本《古兰经》了。《古兰经》是伊斯兰教的经典，相当于基督教的《圣经》。能把这么厚实的一部典籍背下来，对于很多国家的大人来说都是十分不容易的。但是这些阿拉伯孩子却可以记住，可见记忆水平已经很高了。

从阿拉伯人的教育经验来看，背诵无疑是锻炼记忆力的一个极好的方法，但这并不代表我们需要背诵所有的典籍，"学习"是两个字；

让你拥有魔法的记忆

"学"和"习"。学，顾名思义，是模仿，模仿优秀的人或事；"习"原意是鸟儿的翅膀上下扇动，刚刚学飞行的鸟儿需要不断地反复训练以此来学会飞行，所以"习"又延伸为"多次温习"的意思。所以，对我们来说，"学习"就是一个不断模仿不断温习的过程，在反复的学习中，我们的记忆力会不断提高，就像阿拉伯的小孩一样，盯紧一个目标，努力努力再努力，就一定会成功！

思维小故事

手上的证据

清朝的时候，某县城有一个生意兴隆的客店，人们都叫它"兴隆店"。这一天，一个算命先生来到兴隆店里投宿。

掌柜的把他安排到了一个双人房间，房间里另有一个是做小生意的客人。

"我叫王半仙，最善算命，敢问老弟尊姓？"算命先生自报了姓名，热情地要为做小生意的人算一卦。

做小生意的人疲倦地坐起来说："我叫刘仁，今天多赶了点路，实在太累了，明儿个再请老哥指教吧。"刘仁说完，又倒在炕上呼呼睡着了。

第二天，刘仁还要赶路，便早早起来找掌柜的结账。可是他一摸钱袋，空了。顿时，急得他连声叫苦。他来时，钱袋里装了5贯钱。那时流通的是铜钱，1000枚铜钱为1贯，5贯钱好大一堆呢。

王半仙被刘仁的叫苦声惊醒了，以长辈的口气教训刘仁说："出门在外要格外小心，哪能这么大意呀！往后多注意就是了。"

就在王半仙说这话的时候，刘仁忽然看见了放在王半仙炕头上的钱袋，心里好生奇怪：我的钱袋瘪了，可他的钱袋鼓了。记得昨天晚上他来时，钱袋里也没装这么多钱哪！这是怎么回事呢？我得问问他。

"大哥，你是不是从我的钱袋里拿钱装进了你的钱袋？"刘仁望着王半仙那凹进去的眼窝问道。

王半仙眼睛不好使，但耳朵却灵得很，还没等刘仁把话说完，就生气地站起来："你说这话可要损寿，我一个盲人能偷你的钱？我一觉睡到现在，是你刚才咋呼才把我吵醒的！"

"不对，你偷了我的钱。给我没事，若不还我，就拉你到县衙治

罪!"刘仁以为这么一吓唬,王半仙准能把钱还他。可谁知王半仙却说:"走就走,你血口喷人我还不干呢!"

于是,两个人互相拉扯着来到了县衙。

知县升堂问案,细听了刘仁和王半仙各自的叙述后,摇了摇脑袋说:"这案子好办,你们的钱有记号吗?"

刘仁一听急了,忙回答:"老爷,钱是用来买东西的。今天进,明天出,哪里会有什么记号呢?"

知县眉头一皱,又问王半仙:"你的钱有记号吗?"

王半仙笑笑说:"老爷,他的钱没有记号,可我的钱有。咱盲人挣点钱不易,哪能不多几个心眼儿,让它丢了呢?我每挣几文钱后,便字对字,背对背地将它们穿起来,不信你看,我的钱全都是字对字、背对背用线穿起来的,请老爷明验。"

王半仙说着,把钱袋递了过去。

知县打开钱袋一看,见里面的七贯铜钱果真都是字对字、背对背地穿着。他心想,看来一定是刘仁诬告了王半仙。他刚要把钱判给王半仙,忽然看见了王半仙那双干瘪多皱的手,心里顿时明白了。他大声道:"王半仙,你偷了刘仁的钱,还想蒙骗本官,伸出手来……"

王半仙听了知县的话,只得低头认了罪。

这个知县是怎样推断,从而认定是王半仙偷的钱呢?

参考答案

知县想到,王半仙若是平时每日挣了几文钱就穿起来的话,手上一定不会留有铜锈,若是偷了刘仁五贯钱连夜一个一个地字对字、背对背地穿好,手指上必然留下很重的铜锈。于是,知县让王半仙伸出手一看,果然其右手的拇指、中指和食指上留下了深绿色的铜锈。聪明的知县就这样断明了这件偷窃案。

聪明的犹太人

大约 70 年以前，在二战中，纳粹在奥斯维辛集中营里毒死了几十万犹太人。在集中营里，还关押着一个不寻常的犹太人和他的儿子。面对纳粹的惨无人道的迫害，犹太人语重心长的对他的儿子说："现在我们被关在这里，就身外物来说我们已经被剥夺得一无所有了，但是我们还有他们永远也无法夺取的宝藏，这就是智慧。当遇到一加一等于几这样的问题时，你想到的一定要不止是二，而且一定要大于二。"结果，在残酷的迫害下他们父子俩侥幸逃了出来。

从集中营逃出来的父子俩来到了美国的休斯敦做生意，帮顾客做铜器。一天，父亲突然问儿子："你知道一磅铜价值多少吗？"

儿子觉得很奇怪，每天经营铜器生意的爸爸怎么会问这样简单的一个问题，但儿子还是毕恭毕敬地回答道："是 35 美分，爸爸。"

犹太人说："没错，所有人都知道一磅铜的价格是 35 美分。但是我问的是价值，价值不仅仅不是价格，而且要高于价格，你试着把一磅铜做成一枚奖牌看看。"

20 年之后，犹太人死了，他的儿子继承父亲的产业，独自经营铜器店并成立了一家公司。那时候，美国的标志性建筑"自由女神像"，经过了一番重新修缮，留下了一大堆废料，包括一些铜块、铁器小部件、柱子等木料。美国政府向社会广泛招标处理这堆废料，但是好几个月过去了仍然没有一家公司前来应标。

因为在当时的美国纽约，对于垃圾处理是有严格规定的，一旦弄得不好就会受到环保组织的起诉，这不得不说是一项高风险的"投资"。此时，犹太人儿子正在法国度假，听说了这个消息之后，他马上放弃假期，坐飞机飞回了纽约。在实地考察了"自由女神像"下堆积如山的

"垃圾"之后，他立即和美国政府签了字，而且没有附带任何条件和要求。

纽约的许多运输公司看到他的这一举动，都暗自发笑，认为他是自找麻烦。就在这些人还在嘲笑年轻的犹太人时，他已经着手组织工人对废料进行分类了。他让人把废铜收集起来，熔化之后重新铸成小自由女神像出售给工艺品店；把杂七杂八的水泥块和木头按照原有形状加工成别具特色的底座；把成堆的废铅、废铝等做成纽约广场的钥匙。连从自由女神身上扫下的灰他都将其包装起来出售给了附近的花店。

在不到 3 个月的时间里，他让这堆谁都不敢处理的废物变成了 350 万美元现金，每磅铜的价格整整向上翻了 1 万倍！

在聪明能干的犹太人眼里，他们坚信每一样事物的价值，都远远大于它们被世俗所规定的"价格"，要让每样事物都能物尽其用，这是犹太人成为世界上最懂得经商民族的秘诀所在。但其实，犹太人并不是天生就比其他民族聪明，他们只是更加懂得怎样去铸造这枚无价的金币。正如犹太人所坚信的那样，智慧是我们永远的财富，是旁人无法夺走的东西；它永远不会枯竭，并且引导人们走向成功。聪明的人不会落入贫穷，真正贫穷的是那些不善于利用无穷的智慧去获取财富的人。

就行规来说犹太商人无疑是守规矩的商人，但他们总能在不改变规则形式的前提下，灵活地变通规则，充分利用知识变害为利，获得成功。

知识并不会使我们获得财富，使我们获得财富的是将知识转化为正确处理事情的方法。知识仅仅储存在我们的大脑中而不去使用的话，它就是死知识，只有灵活运用，它才会产生强大的创造力。知识，经过我们大脑的思考和运用，会成为智能，而智能能帮助我们创造财富，获得利润。

现在是"智识经济"的时代，它已经不仅仅局限于"知识经济"了。所谓"智识经济"，就是说要充分运用大脑的创新能力，它是我们财富的宝库。

伪造的雷电杀人案

清朝雍正十年（1732）6月的一天夜里，雷声大作，暴雨滂沱。河北献县城西一户居民的房屋被炸开了一个大窟窿，房主人刘良被炸得血肉模糊，惨不忍睹。雷电击人的消息很快在城里传开了，众说纷纭。但归根结底，人们所说的都不外乎刘良或他的祖先得罪了雷神，这是雷神发怒对他的报应。

可是，也有人对雷电击人的事产生了怀疑，把这件事报知了知县李明晟。李明晟亲自带人来到了城西事发现场勘察。刘良的妻子齐萍，满面泪痕地向李明晟哭诉了丈夫不幸被雷击身亡的经过。李明晟仔细地勘察现场后，对齐萍说道："人已经死了，哭也没有用。时值盛夏，还是早些把死人入殓了吧！"

齐萍刚要答话，却见李明晟盯盯地注视着自己，忙低下头，又抹起了眼泪。

李明晟见状又说道："雷神是万万不可冒犯的，说不定还有更大的灾难在后面呢！我看你还是要多多拜敬雷神，免得再生祸灾。"

听到这里，齐萍畏惧地抬起头来说："大人，谢谢您的关照，若是这次躲过了灾难，日后定不会忘记您的大恩大德！"

"快去整治棺木吧！"李明晟又交代了齐萍一句。这才带着衙役离开城西，回到了县衙。

深夜，李明晟独自一人在庭院里踱步思忖着：雷电击人，地上不会

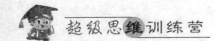

有炸开的土坑，而只能有烧灼痕迹。再说，雷电击人是自上而下，死者家里炕上的铺草和房梁怎么会朝上炸开呢？而且他还发现，被炸土坑的坑面也好像是从底下被掀开的。根据这些情况，李明晟断定这是一起谋杀案。刘良被雷击身亡的现场是伪造的。那么杀害刘良的凶手是谁呢？李明晟得知，刘良被炸死的那天夜里，妻子齐萍回娘家去了。因此，李明晟又进一步推断，齐萍很可能是同案犯。

但是，李明晟没有马上抓捕齐萍，而决定先去抓那个同案人。他很快想出一个破案的办法，几天后便把伪造雷灾、杀人害命的真凶施义抓捕归案了。一审问，施义供认不讳。

原来，施义也是城西人，是刘良的一个远亲。他游手好闲，欺男霸女，无恶不作。齐萍是一个水性杨花的女人。两个人经常眉来眼去，后来便勾搭在一起。可是刘良尽管老实，但只要他活着，便有碍于施义和齐萍相好。于是，两个人暗定毒计，在那个雷雨交加之夜，利用爆雷炸死了刘良。

李明晟是如何抓获施义的呢？

参考答案

李明晟知道，伪造雷灾没有几十斤的火药是不行的，而制造火药又必须掺和大量的硫磺。当时正值盛夏，又不是农历年，没有制作鞭炮的人，所以很少有人买硫磺。李明晟派差役去硫磺店铺一查，得知最近果然有一个火药匠买了大量硫磺。李明晟又派人找到那个火药匠，火药匠说是为施义制造过一个特大的爆雷。案子就这样查清了。

利玛窦的"记忆之宫"

利玛窦是第一位阅读中国文字、对中国典籍进行钻研的西方学者。他出生于意大利，但是他却在中国度过了他的后半生。在中国的日子里，他不仅为自己取了一个汉文名字，而且习汉语，穿汉服，讲究中华民族的礼仪。

让人惊叹的是，利玛窦拥有超强的记忆力。1595 年，他就曾在南昌当众表演了他的记忆术：利玛窦准备了一张纸，请在场的许多人随机在纸上写下汉字，这些汉字之间没有任何关联，顺序也是随意的。然后，利玛窦在众人面前，只将这张纸上多如繁星的汉字读了一遍，便按照原来顺序全部背诵了出来。就在人们不敢相信的时候，利玛窦又将纸

上的汉字倒着背了一遍，所有人都目瞪口呆了，叹为天人。那么，在如此短的时间之内记住这么多的信息，利玛窦究竟是怎样做到的？他是不是有什么神奇的妙法呢？

答案揭晓——那就是"记忆之宫"。

简单来说，"记忆之宫"就是人们头脑中的空间结构，有些类似于西摩尼得斯的"罗马室"。为了加深理解，让我们一起来看一下，利玛窦是怎么利用记忆形象来记忆"武""要""利"这3个字的：

利玛窦的第一个记忆形象：武士。

"武"字由两部分构成，汉字左下角的"止"字以及右上角的"戈"字。解释来说就是："止"在古代表示"脚趾"的意思，"戈"表示的是武器。于是利玛窦想象，自己光着脚丫子拿着武器威风得不得了的样子，好像自己是一个武士一样。

不知道"止"在古代表示"脚趾"的意思也没有关系，我们还可以把它看成是"静止、停下"的意思，想着你拿着武器，跟别人比武，当然，现在是和谐社会，所以我们要"点到即止"，这样做才是有武士风度。这种解释也很有画面感，很生动。

无论想象的是什么，这些形象都应该是生动的、有趣的，这样才能唤起大脑的兴趣和喜爱。

利玛窦的第二个记忆形象：西女——"要"字的记忆形象。

"要"字直观便可以看出是一个上下结构的汉字，上部为"西"字，下部为"女"字。解释：来自西北地区的一个漂亮的女子，她的名字叫西女，她想跟你交朋友，你愿不愿意？

在培养自己拆字技巧的时候要注意两点：第一，要培养整体意识。整体看汉字的意思，就着这个意思去拆这个字，就更容易把各个部分联系起来。第二，不要将汉字拆成单个的部首或偏旁，而应尽量拆成单个的完整的字，比如说上面提到的"要"，这样就不会加重记忆的负担，只要充分利用自己熟悉的字形去拆分即可。

下面，让我们来实践一下利玛窦的记忆诀窍。比如"休息"的"休"，它的本意就是休息的意思，你拆字的时候可以想，你在路上走啊走，走得很累了，于是你就找一棵树，靠着树休息。这是形象记忆。现在我们用拆字法来记忆。这个"休"字，左边的单人旁，当然代表人，也就是你自己，"木"大家都知道是"树"的意思，所以整个字从字形上分析也能分析出"休息"的意思。这种记忆方法看起来似乎和平时记忆没什么区别，但是实际上是有很大区别的。平时的记忆是用左脑记忆，这种方法使用的却是右脑，右脑的记忆效率比左脑要高100倍。这一点我们在后面的章节会着重去讲解。

　　此外，运用这种方法不仅能锻炼想象力，还能回顾我们的祖先当初造字时的思路，让记忆的过程更加有趣。而且，这种方法更适合背英语单词，因为拆字法符合西方国家的造词法。比如"renew"，不知道它的意思？没关系，现在我们来一起拆拆看："new"大家都知道是"新"的意思，而"re"是英文里面最常见的词根之一，它表示再来一次、重复的意思，那么现在"renew"新的东西再刷新一次，是什么意思？是的，就是"更新、重新开始"的意思。

　　利玛窦的第三个记忆形象：利——获利与丰收。

　　如果将利字从中间劈一刀一分为二，那就是"禾"字和"刀"的象形体，形成了两个新的表意符号，也就是两个汉字。于是，利玛窦将这两个意象组合成一幅图画：一个手持镰刀的农民正在收割田里的庄稼。在大脑中就构建了一幅农民伯伯收割庄稼的画面之后，理解也就容易多了，看——农民为了获利，正在辛勤地劳作！

　　有了前面的拆字经验，拆分这个字是不是变容易了？我们所举出来的例子都是十分普通而又简单的，但只要掌握了这种方法就能化腐朽为神奇！

　　不管你需要记什么，用"拆分＋联想"的方法总是有帮助的！这时的联想是毫无限制的，你可以编撰童话故事，也可以在脑中描绘夸张

让你拥有魔法的记忆

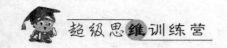

的画面。人的记忆能力是无穷无尽的。我们的大脑，每一秒钟储存 10 个信息也不会撑到爆炸。所以不用太吝啬，尽情地为你宝贵的大脑输入各种知识吧！

脑力超常的拿破仑

拿破仑·波拿巴是法兰西第一帝国的皇帝。他出生在科西嘉岛的阿雅克肖城的一个意大利贵族世家。9 岁的时候，拿破仑被父亲送到一所贵族学校去读书。在这个贵族学校中，他的同学都是贵族子弟，喜欢炫耀并且讥笑贫穷的孩子。拿破仑在这所学校里饱受歧视，深深地感受到了世态炎凉。他立志发奋学习，在其他的孩子都沉迷于享乐的时候，一个人默默努力着，利用学校免费图书馆的优势，拿破仑如饥似渴地学习，不浪费一分一秒。

他这样坚持了整整几年时间。在这几年的苦读中，他所做的读书笔记有 400 多页之多！可见拿破仑当时有多勤奋！后来，拿破仑的长官看中了他的才能，派他去做一些需要极复杂计算的工作。拿破仑没有辜负长官的期望，工作十分出色；长官因此更加信任他，经常委派一些任务给他。在同学们还在坐吃山空、贪图享乐的时候，拿破仑已经踏上了前往权力宝座的道路上。

拿破仑不仅酷爱读书，而且具有惊人的记忆能力和快速阅读能力。拿破仑读书速度十分惊人，他能在一天内读近 20 本书，而且还不是一目十行草草地浏览，他能清晰地复述出书中的内容。读书是他的爱好，即使在四处征战的日子，拿破仑也会让人携带几十箱书籍供他阅读。相传一次和俄国沙皇作战，拿破仑不幸败北，他的书也因此被俄军缴获。拿破仑回到领土后，搜索大脑的记忆，开出了一份图书采购清单。负责采购的工作人员将清单和上次的书单核对，发现两份书单上的书目竟然一模一样，毫无错漏。

不仅如此，拿破仑还能准确地叫出军队中每一位士兵的名字，能准确说出法国每一门大炮的口径和安放位置。正因为他能记住每一位士兵的名字，小小的士兵感受到自己是被长官关注着的、重视着的，因此更加尊敬他、爱戴他，愿意为他效力。

试想一下，如果你刚刚认识一个新朋友，在路上碰到的时候与他打个招呼，你能准确地叫出他的名字，相信那位朋友也一定会感到非常的温暖，这也是在与人交往中增进人际关系的一个小窍门。

思维小故事

偷吃青菜的牛

清朝光绪年间，江南的一个小县城里，一天，一高一矮两个农民拉扯着来到县衙告状。县令升堂审案，分别对他们进行了询问。

高个农民说："我是平远村的。我在房屋后面种了一块菜地，这几天被牛吃得乱七八糟，一定是他偷偷放出了自己家里的牛，因为我们家的牛从来不吃青菜。"

矮个农民说："我家的牛是跑到了他家的菜地里，可我家的牛也从来不吃青菜，他凭什么把我家的牛打伤？"

听了两个农民的述说后，知县说道："走吧，我到你们那里看看就知道了。"

一路上，知县已经想好了断案的办法。到了平远村以后，他让高个农民和矮个农民都把自己家的牛牵出来。他看见高个家的是一头黄牛，

— 31 —

矮个农民家的是一头水牛。随后，他又来到了高个农民家的菜地里，仔细地观察了一番，由于菜地里既有黄牛的蹄印，也有水牛的蹄印，因此还断不清是谁家的牛吃的菜。

知县想了一会儿，让差役从高个农民家的菜地里拔了两棵青菜，递到黄牛嘴边，黄牛只闻了闻，并不去吃。

高个农民对矮个农民说道："怎么样，我家的牛不吃青菜吧！"

知县又让差役把青菜放到了水牛嘴边，水牛也闻了闻，摇头走开了。

矮个农民又对高个农民说道："怎么样，我家的牛也不吃青菜吧？"

水牛和黄牛都不吃青菜，难道是别的牛吃的吗？高个农民疑惑地望着知县。矮个农民脸上显露出胜利者的微笑。知县则又在菜地里走了一圈，停在一个粪坑旁边，凝神思索着。

片刻，知县对他们说道："本官已经查明了这件事情的真相，但今天太晚了，明天再宣布结果。"

知县说完上轿回城了。高个农民和矮个农民也只得耐着性子回家再等一个晚上。

知县刚回到城里，就立即找来一个身强力壮的差役，对他说道："你今晚再去平远村一趟，要当场捉住那头偷吃青菜的牛。"

"是！"差役领命而去。

当天晚上，果然有一头牛又来到高个农民的菜地里偷吃青菜，被差役当场捉住。当人们闻声赶到这里时，发现偷吃青菜的正是矮个农民家饲养的水牛。

差役把案情报告了知县，知县很高兴。他把矮个农民传唤到县衙，处罚他按价赔偿了高个农民损失的青菜。

案子虽然破了，但人们却不明白：那天白天水牛为什么不吃青菜，而晚上去偷吃青菜呢？知县又是怎样破的案呢？

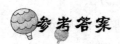

参考答案

种过地养过牛的人都知道黄牛爱舔吃尿水，而水牛却爱吃干净的东西，所以黄牛闻过的青菜留有臊臭味儿，水牛是从来不吃的。那天，知县走到粪坑旁，闻到那令人作呕的粪臭味，就联想到水牛爱吃干净的东西，它不愿意吃满嘴臊臭的黄牛闻过的东西。因此，他便认定偷吃青菜的可能是那头水牛。晚上派人去抓，果然如此。

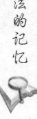

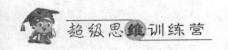

掌握 18 国语言的谢里曼

海因里希·谢里曼是一位德国的考古学家，他不仅是考古学史上的传奇人物，还是一位奇特的语言天才。他在两年的时间里，自修并精通英语、法语、西班牙语、葡萄牙语、荷兰语、意大利语等 18 种语言。

你知道谢里曼是如何在这么短的时间掌握这么多语言的吗？现在让我们学习一下德国考古学家谢里曼的语言学习方法。

谢里曼掌握 18 国语言的方法其实很简单，那就是——每天朗读。他曾在自己的书中这样写道："我带着异样的热情专心学习英语，但因为当时的情况比较紧迫，所以我发明了一种简单的方法，用它可以来学习所有的语言。"

"我学习的方法不过就是大量地朗读，但是我从来不把原文翻译出来；而且我会每天抽出一个小时就自己有兴趣的对象写一篇作文，然后交给老师并在老师的指导下修改作文，然后背下前一天改好的作文，并在老师面前流畅地背出来。"

舍里曼的成功告诉我们，这的确是行之有效的记忆方法。谢里曼在 24 岁的时候，决心要学会俄语，因为这将对他的事业有很大的帮助，可是在当时的荷兰很难找到俄语教师。谢里曼费尽九牛二虎之力也没找到合适的俄语老师。后来，谢里曼找到了一本旧语法书、一本词典和一本《忒勒玛科斯历险记》的俄译本。就这样，谢里曼利用那本旧语法书学会了俄语的字母和发音，然后大声地朗读加背诵，就这样，谢里曼背完了手边仅有的一本俄译本《忒勒玛科斯历险记》。这样学习了仅仅一个半月后，舍里曼就已经能够写俄文信并能够用俄语和俄国商人交谈了。

万事开头难。谢里曼在刚开始背诵的时候也是如此，然而他却努力坚持了下来。渐渐地，他发现长期背诵使他的记忆力不断地得到提高。3个月后他就能做到，一篇大约20页的英语散文，只要认真读3遍就能够一字不差地背下来！谢里曼十分欣喜，他又用这种方法学习其他外语，并结合自身的特点创造出了一种独特的超记忆方法。

现在的科学研究表明，每天坚持背诵能够改善大脑的素质，开发潜藏在右脑中的记忆能力，成就"过目不忘"的本领。看起来越简单的东西往往越是真理，方法越简单越不起眼反倒是最最有效的方法。值得注意的是，谢里曼有一个非常值得我们学习的好习惯，那就是，他会在每天晚上睡觉之前，在脑子里像放电影一样，一遍一遍复习白天学过的内容。因为我们在晚上更能集中注意力，夜间记忆10分钟的效果好过白天记忆1小时的效果。而且，当我们处于深度睡眠的状态时，大脑会对储存进来的信息自动分类整理，这让睡前的记忆变得更加深刻。

思维小故事

租车去旅行

G小姐最近想开车去长途旅行，她的车正好送去保养。取车的时候，车行的师傅告诉她，因为她的车保养得比较好，加上她开的时候比较爱惜，所以车况很好。G小姐很高兴，结算了钱，把车领走了。

第二天，G小姐来到一家租车行，租了一辆车开车上路了。她没有在租来的车上放任何特殊设施，拖车绳和大件行李也没有。G小姐为什么不开自己的车而是去租车旅行呢？

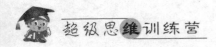
参考答案

　　G 小姐要去的不止一个地方，她是先把租来的车开到一个地方，在那里玩几天，再将车留在那里的飞机场，然后从那个地方乘坐飞机飞去另外一个地方，再从那里乘飞机回到自己的城市。如果开自己的车去，那么取车的时候会很麻烦。

托尔斯泰的记忆体操

列夫·尼古拉耶维奇·托尔斯泰是 19 世纪末 20 世纪初最伟大的文学家。他创作了一系列著名的长篇小说如《复活》、《战争与和平》、《安娜·卡列尼娜》等，被誉为世界文学史上最杰出的作家之一。而托尔斯泰之所以能有如此多的著作，还有赖于他惊人的记忆力和观察力。

有一次，托尔斯泰和朋友出去吃饭。只看了两遍菜单，他就记下了 400 多道主菜甜品汤品的名字，而且一字不差！

值得指出的是，托尔斯泰这种惊人的记忆力不是天生的，而是后天逐渐培养起来的。托尔斯泰 16 岁的时候开始接受记忆力训练，并且自创了一套记忆方法，他每天都坚持用这个方法训练，强化自己的记忆力，最后托尔斯泰的脑子越用越灵，几乎达到了过目不忘的程度，这个记忆方法就是托尔斯泰的记忆体操。

平时做体操，可以让我们在学习之余舒展身心，帮助我们更高效地学习，还有助于我们的身体健康。托尔斯泰的记忆体操就类似于我们的"课间操"，不同的是，这种"课间操"锻炼的不是我们的身体，而是我们的大脑，它可以让我们的大脑变得更加灵活，记忆力越来越好。那么，托尔斯泰的记忆体操具体来说是什么呢？

准确地说是记忆力上的训练，首先是背诵训练。

背诵材料没有特别的要求，只要是你想去记的，都可以用来训练你的记忆力。背诵的时候首先要有明确的记忆目的，就是要有一定要记下材料的决心。如果你连记下它的打算也没有做好，大脑当然不会努力地去背诵了。其次要学会"分段记忆"。俗话说"一口吃不了一个胖子"。一步一步慢慢来才能获得最好的效果。

将你需要背诵的材料"分段"，比如今天的任务是 50 个单词，我

们就可以把这 50 个单词分成 5 组，每一组 10 个。记完第一组，然后记第二组，再把第一组跟第二组连起来记忆。后面 3 组以此类推，这样记忆的效果就特别好。

还有一点就是背诵时一定要充分调动起大脑的左右两个部分。我们都知道，大脑的左半球对具有逻辑思维的事物比较敏感，右半球对具有联想思维的事物比较敏感。我们可以借助左右半脑不同的优势去加深记忆。

比如，在背诵的时候，播放一些舒缓的音乐，莫扎特的钢琴曲、班得瑞的轻音乐，这些对加强记忆非常有帮助。

然后可以进行色彩记忆，把比较难记忆的部分用不同的颜色标注起来，还可以通过漫画、夸张的想象等形式加深对材料的印象。这样可以充分调动起眼耳口手脑多重感官，调动全身的感官越多，留给大脑的印象越深刻，记忆的效果也就越好。

另外还有同样重要的朗读训练：这里的朗读不是指紧盯着材料逐字逐句的朗读，刚开始朗读是可以不要求每个字都要理解的，在这里关键的第一步是锻炼"即视"能力，朗读的时候要集中注意力，在读的过程中随意遮住其中个别句子或段落，然后凭借之前朗读时在大脑中留下的印象，念出被遮住的部分。

刚开始训练时可能比较困难，也许只能念出被遮住部分的个别词组，但是没关系，这个训练加强的就是这样一种能力。训练的越多，这种能力越强。

坚持大声朗读并背诵，晚上睡觉之前和早上起床之后是最好的训练时间。科学研究显示，21 天的恒定训练可以形成习惯。坚持做记忆体操 21 天，你就可以看见变化！

买马人和卖马人

某马市上有一个马贩子在卖马。他对围观的人吹嘘道："我的马都是好马，跑起来快如闪电，无论什么样的比赛都能跑赢。而且，每匹马的价格只要 400 元。如果不相信，可以拉出去试试看，不像我说的那样，我可以每匹马倒贴 400 元。"

让你拥有魔法的记忆

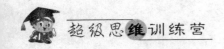
有个人听完马贩子的话，对他说："老板，给我两匹马，我跑跑试试看。"马贩子高兴地牵出两匹马，交给那个客人。客人拉着马，试了一圈，准备走。看到这种情形，马贩子着急地说："客人，您还没付我钱呢。每匹马400元，您应该付我800元。"

客人摇着头说："我一分钱也不欠你的。"接着他说了一番话，说得马贩子目瞪口呆，没办法反驳，只好任由这个客人把两匹马牵走了。

那么，这个客人到底说了什么呢？

参考答案

客人牵了两匹马出去试，一匹马跑得快，一匹马跑得慢。客人对老板说："那匹跑在前面的马，我应该付你400元，但就像你说的，你的马都快如闪电，可以跑赢各种比赛，否则你就倒贴我400元。那么，落在后面的那匹马应该是您付给我400元。这样，我就不欠你钱了。"

第二章　人类大脑的自白

核桃一样的我

　　我的名字叫大脑，是每个人最忠诚的守护者。我在人类的进化史中扮演了相当重要的角色。我的个头虽只占人体体重的2%，但是消耗掉的氧气却占整个身体所消耗的氧气的25%，血液流量占心脏输出血量的15%，一天内流经我身体的血液为2000升。若用电功率表示那么我消耗的能量大约相当于25瓦。

　　我的体内有超过140亿个细胞，而我的体重是比较苗条的，只有1400克。虽然只占了身体的一小部分，可是我却是必不可少的。我的外表看起来就像一颗核桃，重量大约是1.4千克。每天我的身体里都会分裂产生很多新的脑细胞，但是每天要死亡的脑细胞也达到10多万个，但是如果你越不用脑，我的细胞死亡越多。而且我"体内"有80%是水，所以我看起来就有些像豆腐。但是我不是方的，而是圆的，不是白的而是淡粉色的。

　　对一个成人来说，我的信息储存量大约相当于1000个藏书1亿册的大型图书馆。旧的观点认为，我这种令人不可思议的能力是无法充分利用的，一般人只能利用到我10%左右的能力。不过，这种观点并不

— 41 —

是正确的，人类其实是可以达到全部充分利用我的能力的，我的身体里可没有"吃闲饭"的部分。

表面看来，当你思考问题的时候，我安安静静地躺在脖子上，看似什么都没做，但如果使用专业的测试仪器进行测试，可以发现，人在思考不同问题的时候，我体内活跃的部分是不一样的，我并不是整个结构都在同时工作。

我由三层组织构成，最上面一层叫大脑新皮层，它几乎都集中在左脑半球。第二层叫旧皮层，最下面一层叫脑干。我的这三层，大部分的人都只能使用到第一层，也就是大脑新皮层，而且大部分人都爱使用我的左半脑，而其他的两层却有待开发。看看你自己，是不是习惯用右手？那就证明，你是用左半脑思考的人，然而，你知道吗？在未开发的另外两层大脑中，却蕴藏着巨大的能量。如果你能同时使用我的三层脑组织的话，一本书，你只需翻上个两三遍，便能轻松的记住书中的全部内容！神奇吧？

我担负繁重的工作，无时无刻不在工作，你的一言一行、举手投足，都必须经过我指挥，获得我的批准，然后由我的细胞发出信息，再传递到你的四肢及百骸九窍。即使是在你躺下睡觉的时候，我也没有时间休息，在晚上我还要负责整个身体的修复命令，让你的身体始终保持在健康的状态。

白天外界环境传递给我的信息，我需要一一分类整理并储存，方便你随时取出使用。而晚上睡觉时你会做梦，也是我发出的脑电波导致的结果。如果早晨醒来的时候你能够清晰地记得昨天晚上的梦境，那么恭喜你，赶紧起床记忆你一直都记不住的知识吧，因为这个时候我正释放出阿尔法电波，这时人的记忆力特别旺盛。不信你可以试试！

费尽心机的省钱术

金老板的秘书娜娜是个非常聪明的女孩。她总是能帮老板想到合理解决问题的办法，因此很受金老板赏识。

有一次，娜娜又在办公室里做奇怪的事情。只见她把9个5分的硬币放到一个直尺的一端，另一端不知道放了什么，目的想让尺子平衡，

让你拥有魔法的记忆

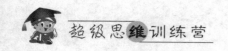

但她没有做到。做完这件事情以后，她就出去寄信了。公司和客户的信件往来，一般都是由娜娜办理。寄完信以后，回到办公室她就和同事说自己省下的钱远远超过了自己放在尺子上的那9个5分硬币。那么，娜娜为什么要说这9个5分钱呢？

娜娜在办公室里，把尺子放在铅笔上，将9个5分的硬币放在尺子的一端，然后将要寄出去的信放在另一端。其实，就是把尺子当作天平用。因为她知道9个5分硬币的重量差不多30克左右，而信件的重量并没有超过30克，所以自然就可以少贴一张邮票，节省了买邮票的钱。

左右对称的我

现在，大家都认识了我，知道我是由左脑和右脑两个大块组成。可是你们知道我为什么会被分成两半吗？你知道我的左边与右边有什么不同吗？下面我会详细地告诉你们，让你们对我了解得更加深入。

我的左半部分，也就是左脑，主要从事逻辑思维，负责逻辑理解、语言、记忆、判断、排列、逻辑、推理、分析、书写、抑制、五感（也就是我们所说的视觉、听觉、嗅觉、触觉、味觉）等。你们看书写字思考问题大部分用到的都是我的左半部分。可是你知道吗？我的右半部分（也就是右脑）的存储量是左脑的100万倍！

而我们进行想象、发挥直觉，调动情感、聆听音乐、获取灵感，要用到的就是我的右半脑。右半脑主要负责一些抽象思维等，但是思维方式跳跃而且无序，难以捕捉。为了便于理解，我用一张表来让你对我两个半脑的功能看的更加清楚：

我的两边

左半球	右半球
理性的脑	感性的脑
语言	直觉
逻辑分析	情感分析
推理	图形知觉
抽象	形象记忆
计算	美术
语言记忆	音乐节奏
书写	舞蹈
阅读	想象
分类排列	视觉、知觉

我有一个隐藏了很多年的秘密，具体有多久我也说不清，现在我就要把这个秘密告诉给你。在生活中，大多数人只运用了我的本领的3%~4%，其余的97%都蕴藏在我的右半边脑的潜意识之中。我的左边是人的"本生脑"，记载着你们出生以来的知识，而我的右边则是你们的"祖先脑"，储存着从古至今人类进化过程中的遗传基因的全部信息。你有没有体验过这种感觉——很多你自己从来没有经历的事情，一接触却能熟练掌握？

现在，我的右半边仍然处于沉睡中，只有很少的一部分人曾经将我唤醒过，因为很多人都没有发现我的右边蕴藏这如此巨大的能量！而现在，我将这个秘密告诉你，可是你不可以为虚荣而四处炫耀哦，因为仅仅知道了这个秘密并不代表你就能充分运用我的能量。如果想要提升自己的本领，你就需要激活我的右半部分。但是激活右脑的同时，也不能忽视左脑。要知道，在我的右半边被激活前，你的行为大多是依靠我的左半边完成的。所以，100% 利用我的办法，就是同时使用我的两个半脑。

历史上也有一部分人唤醒了我右半边的潜能，并且和左半边互补使用，获得了极大的能量，为人类做出了非常大的贡献。比如伟大的物理学家爱因斯坦，他在小提琴、绘画、帆船运动等方面成绩卓著，他把自己许多重大的科学发现归功于那些想象游戏。

在一个晴朗的夏天，爱因斯坦躺在一个小山上，阳光透过他的睫毛射到他眼里，于是他想象自己从太阳上出发，骑着太阳的光束直奔宇宙遥远的极端而去，结果绕了一圈之后又回到出发的原点——太阳。这时，他开始思考，宇宙会不会是像地球一样，是圆形的呢，而且进一步思考计算之后，"相对论"诞生了，这就是左脑和右脑合作的典范。

欧洲的文艺复兴时期，还有一位像爱因斯坦一样，能让两个半脑同时工作的大师，他的名字叫列奥纳多·达·芬奇。达·芬奇无疑是当时最有成就的人，甚至开创了属于他自己的时代。达·芬奇以绘画闻名于世，流传于世的《蒙娜丽莎》、《最后的晚餐》彰显达·芬奇在绘画方面的天赋。但你知道吗，从达·芬奇留下的手稿来看，他在艺术、雕刻、生理学、基础科学、建筑、机械学、天文学、地质学、解剖学、物理学、工程学及航空学等多个领域都有一番建树。他甚至还设计出了飞机、潜水艇、坦克等一系列在他逝世几百年之后才产生的军事武器的模型。

请充分利用我的左半脑和右半脑吧！我蕴藏着的无限能量，会让你的生活变得更加美好，会让整个你的智慧更上一层楼。现在，让我们来做一个测验，看看你是用我的哪一边思考的人：

试题

1. 对于自己的相貌和穿着，你会：

A. 我会经常试着改变它。

B. 有时觉得不妥。

C. 无所谓，现在就很好了。

2. 如果需要马上做决策的时候，你会：

A. 跟着直觉走。

B. 视重要性而决定考虑时间。

C. 一直很纠结，常常陷入左右为难的境地。

3. 如果给你一次外出游玩的机会，你会：

A. 内心深处渴望去有挑战性的地方看一看。

B. 不会冒险，但会适当寻求一些刺激。

C. 经过了曾经的失败，拒绝重蹈覆辙。

4. 阅读传记文学时，你会：

A. 怀疑书中内容的真实性。

B. 虽然偶尔有疑问，但还是接受了书中的内容。

C. 完全相信这本书的真实性。

5. 当一位饱受亲友诟病的人与你共事时，你会：

A. 先接触，再判断，我的交际我做主。

B. 多少会有一点戒备之心。

C. 表面正常，内心却非常排挤和戒备。

6. 查阅说明书时，你会：

A. 只挑自己认为重要的地方看。

B. 从头到尾简略地读一遍。

C. 从第一页开始逐字逐句地阅读。

7. 买电影票时，你期待：

A. 坐在右边。

B. 坐在左边。

8. 下面的课程，你更喜欢：

A. 几何。

B. 代数。

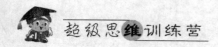

9. 看展览时，你会：

A. 优先看自己感兴趣的。

B. 依照布局逐一欣赏。

10. 有时，一些热衷参与的活动会让你暂时忘记学习和工作：

A. 是。

B. 否。

测试结果

前6题，选A得4分，选B得2分，选C得1分；后4题，选A得4分，选B得2分。

在28分以上：右脑型。恭喜你，相比于大众而言，你的右脑开发程度较高，请再接再厉！27分及以下：左脑型。你的右脑尚处于低端的开发水平，这说明你的大脑中蕴含着巨大的潜力，所以，现在开始就抓紧时间训练右脑吧！

思维小故事

宣统二年的借据

夏淳海是梅县的知县。一天，他刚坐到大堂上，衙役就递给他一个诉状。他展开诉状一看，见控告人名叫王福，控告翁子明拖欠债务不还，并在诉状的后面附上了借据一张，上写：

"宣统二年（1910）六月三十日，向王福借银500两整。翁子明。"

夏淳海立即差人把王福和翁子明传到了堂上。他把两个人审视一番，开口问王福：

"翁子明借银 500 两不还，确有其事吗?"

"小人不敢撒谎，确实借给了翁子明 500 两银子!"

夏淳海又问翁子明:"瞧你貌似正人君子，为什么借债不还?"

翁子明竭力申辩道:"小人从未向他借过银子，请大人明察。"

"住嘴，你还敢抵赖!"夏淳海厉声吼道,"你看，这里有借据一张为证。"

夏淳海把借据拿到翁子明面前让他细看。翁子明左右看了几眼，喊道:"冤枉啊，小人根本没写过这样的借据，这是假的!"

"假的?"夏淳海轻蔑地看了翁子明一跟，说道:"你是不见棺材不落泪啊! 好吧，我让你自己写出个证据来，如果字迹相同，我看你还有

什么说的。"夏淳海说完，拿过纸笔，自己念一句，让翁子明写一句。

"宣统二年六月三十日……"

夏淳海念完，翁子明写毕。夏淳海拿着写好的纸条和借据上的字一对照，字迹竟然一模一样。

翁子明暗自叫苦不迭，感到再争辩也无济于事，只得承认了过错，答应立即偿还所欠银两。

那个王福站在一旁高兴得差点儿乐出声来。他暗自笑道："遇着这样糊涂官，该着我王福发财……"

可是，王福高兴得早了点，就在夏淳海正要结案判决的时候，太史杨公忽然来到了县衙门。他见夏淳海拿着一个诉状正要宣判，就要过来诉状，想要看个究竟。他看完之后抬起头对夏淳海说道："这借据是假的！"夏淳海很是惊讶，忙问道："您怎么知道这借据是假的？"

杨公如此这般一说，夏淳海明白了。追问王福，他面红耳赤，终于交代了真情。原来，王福花 100 两银子买通了善于冒充别人笔迹的师爷魏财，并让魏财模仿翁子明的笔迹写下了这张假借据，企图诈骗翁子明的银子。但是没想到假借据却被太史杨公一眼识破了。

太史杨公从什么地方看出来了这张借据是假的呢？

杨公告诉夏淳海宣统二年六月并没有三十日。夏淳海马上派人去查《万年历》，果然如此。

我是如何工作的

现在的信息技术非常发达，日新月异，每隔一段时间就有更加先进的计算机问世。计算机俨然已经成为我们生活工作中不可或缺的好帮手了。也许你知道计算机能处理非常复杂和多变的问题，但是你知道吗？我（就是你的大脑）的思维能力要比计算机还要强大。

人类经过千百年的经验积累，为我们提供了无数好办法来解决问题，在实践和经验总结之间，我的能力也会得到强化和提升，对一些难题经历多了，还能在第一时间内反应，对问题进行迅速推理分析。

那么我究竟是如何工作的呢？你知道你为什么能够处理一些你以前从未遇到的事情？为什么能解出你以前从未做过的算术题？你是否想过，你要怎样才能提高我的能力，更好地帮助你解决各种问题呢？

其实，在做数学题的过程中，我的内部潜在着一个推理分析的计算过程，就像利用计算机计算的时候需要事先输入程序一样。

我在极短的时间内，对你所处的周围环境做出分析，然后迅速对肢体下达指令。这一系列指令都在极短的时间内执行，连你自己都感觉不到。也就是说，我总是比四肢更快地做出应对的决策，在你的身体做出反应之前，我就已经对如何做这件事有了大致的决定。

有时候，你能对我的决策过程有所察觉，但是更多的是我做出决定的过程，你是完全无意识或者潜意识的，这个过程就是我们平时所说的"直觉"，这是人类的一种天然认知能力。

让我来列举一些简单的例子，好让你更容易理解我是如何工作的。

假设现在你遇到了一个问题，急需解决。面对难题，你首先会对问题做一个大致的了解，然后再进行细致的分析。比如解答一道数学题，你首先要理解数学题的文字，这是建立在你认识汉字的基础上的基本功，假设你连字都不认识，那就不可能将这道题解答出来了。

理解了文字的意思之后，你要分析这道题需要求出一个什么样的结果，这个结果应该用什么样的数学方法，是简单的加减乘除，还是需要用到一元二次方程或者高等数学或几何函数等概念等。在解决这个问题的时候，我体内正在进行一系列信息的检索和传递，按照先前所说的顺

让你拥有魔法的记忆

序一步一步地进行有条理的分析，以准确快速地求出结果。

我们再用一个语文题来解释，让我们来分析老子和庄子思想的相同点和不同点。看到这个问题，我们首先可能会在脑子里提炼：这句话的关键点在哪里？

关键词就是"老子"、"庄子"、"思想"、"相同点和不同点"（为了方便起见，我们可以用"异同"这个词来表示）。然后我们需要分析"老子"和"庄子"，学习文言文时如果对作者不了解，对文言字词不熟悉，就很难准确把握一篇文章的意思。如果之前你从来没有听说过这两个词语，回答这个题目无疑就像无头苍蝇似的乱撞，那么第一个要解决的就是了解"老子"、"庄子"是什么意思。

老子和庄子都是先秦时期（秦始皇统一中国以前的夏、商、西周、东周、春秋战国时期的统称）有名的学者。老子所著的《道德经》即《老子》和庄子所著的《庄子》都是我国的文化瑰宝，对后世以及中华民族整体性格的形成有很大影响，老子、庄子的所有思想都包含在这两本著作之中。所以这两本书对我们回答上述问题有决定性的作用。这些都是看到所提出的问题之后，我需要第一时间反映出来的。接下来，你需要回忆这两个人的思想各是什么。

对于老子，我们知道他是道家学派的创始人。我们最熟悉的无非就是"道可道，非常道；名可名，非常名"等对于"道"的阐释以及"鸡犬之声相闻，民至老死不相往来"的小国寡民思想。也许你还会想到武当派掌门张三丰，以及他根据《道德经》即《老子》所创立的太极拳，又或许还能想起汉初实行休养生息的"无为而治"政策。当然，张三丰这一点与我们这个问题没有多少关联，但这却是我在活动中所进行的"发散性思维"，通过这一思维我可以在瞬间收集检索并获得大量信息。然后从这些信息中整理出对解决这一问题有帮助的关键信息，比如对于这个问题来说，老子的"道"和"小国寡民"的思想就是关键地方。

按照思路整理好有关老子和庄子的思想特点之后，我们就能开始进行最关键的一步了，那就是开始将其思想进行比较，总结异同点。

庄子是老子思想的继承者。老子曾说"福兮祸之所倚，祸兮福之所伏"以及"有无相生，难易相成，长短相较，高下相倾，音声相合，前后相随"，庄子将其思想发展衍生出生死、荣辱、贵贱、寿夭等等对立发展的事物。

老庄一派，一脉相承。但是他们又有显著的差别。老子强调消极避世，从"民至老死不相往来"就可以看出。生活在战国时期的老子，各国兼并战争不断，百姓流离失所，因此这种思想是能够被理解的，从某一方面来说，这一点是与庄子"安天命"的思想一致的。在这一分析过程中，我们又从差异点中分析出了相同点。

老子基本上是站在统治者的角度来看待问题的，比如"愚民政策"，这就是一套聪明人愚弄人的把戏。老子认为统治者要有学问，要贤明；下层的被统治阶级，老子认为应该"虚其心，实其腹"，这个说得很实用，但是不实际。

庄子与老子不一样，庄子站在一般人的立场上，反对人被当作工具，反对世俗所规定的价值。就人类社会而言，老子宣扬的是统治者对人民的统治，而庄子则侧重于逃避人世，不希望人类彼此之间被当作工具互相利用。通过这样一分析，我们就基本总结出了老子与庄子的异同点。

现在我们再来回顾一下，看这一结论是怎么得出的。

首先，当你一行一行地在阅读上述的问题时，你的大脑，也就是我，就已经对眼睛收到的信息进行了处理，这些信息以一种我能识别的方式存储起来，变成脑海里可以想见的一幅画面或逻辑推断信息。因为这个问题涉及一些抽象的概念，所以我会想象一些画面将抽象性的事物转化为可以想见的具体事物，比如老子的"小国寡民"思想。

想到这个概念脑海中就会自动生成一幅画面：两个相邻国家的边界

让你拥有魔法的记忆

线上住着两户人家，彼此间的鸡叫声狗吠声都能听见，但是这两户人家互相都不认识。这个画面有没有让你想起现在的人们？高高的楼层之上，即便是邻居，人们也依然互不相识。

一旦要对这些外在物体的信息进行预处理，我会调动与这件事情相关的记忆。

为了更好地理解，你可以将我同计算机做一个比较。电脑之所以能都将信息存储并能够随时取出运用，是因为它有着强大的中央处理器。而我就相当于你身体上的中央处理器。就像电源为电脑提供动力一样，心脏的跳动为我提供血液和氧气。但是具体来说人脑有比不上电脑的地方，比如说一些专业性的东西，像我们人脑就不能用红外传感器取得数据，除非你基因变异了，眼睛能够像一架红外照相机一样记录下相关信息。而且，我们人类的寿命相对于电脑来说是很短暂的，但是电脑的储存介质寿命很长，可以长时间地保持这些信息。

与电脑不同的是，我并不将数据以数字的方式存储。我的记忆并不是现实物理世界的准确映射，因此经常会出现遗忘、混淆等情况，这就与电脑有很大不同。比如你从电脑上看过一部电影，过了一段时间再让你回忆这部电影，你可能能够回忆起电影中令你影响深刻的片段或情节，但是却无法将整部影片巨细无遗地全部回忆出来。而电脑存储的方式就是将整部影片每一个细节记录下来，也就是由每一个小细节组合而成的原片。

这样看来似乎我们人脑的记忆能力看上去要比电脑差很多，但是千万别被假象所迷惑，别忘记电脑是如何被制造出来的，人脑的潜能是无限的，没有制造者，没有编程者，电脑再好用也不过是一堆废铁。

人脑记忆所存储的方式是非常奇特的，每天从睁开双眼开始，你的身体所接收到的任何一个信息，你所见到所听到所闻到的所有一切都将存入我的数据库中。但是我并不存储所发生事情的每个细节，我只是试图识别出这件事情的一些特征，然后总结归纳将其转化为抽象的概念存储起来。换句话说，我将你的所见所闻都以一种抽象的方式存储起来，这些存储的方式就是人类智能如此强大的真正秘密所在。

我们可以用文字来解释这个问题，比如说象形文字，我们的祖先在创造文字的时候从动物的形体上获得了灵感，将他们身上最显著的部分"画"下来，这就是我们汉字的最初面貌，象形文字本质上就是一种图画，比如"山"字，在象形文字中就是一座山的图画，3个高高耸立的山峰。

为什么我们的祖先不将其画成像华山那样的绝壁呢？这就是因为华山是一个特殊的意象，大部分的山峰几乎都是高高隆起的造型，先辈们抓住了山峰的这一个特征，造出了"山"字。而现在，我们在经过学习之后更容易分辨出它的特点。

"山"作为一个文字，是属于概念性抽象性的东西，但当它与具体的实物化的"山"的形象产生联系之后，就作为一个抽象符号被存储在我的身体里。如果现在有人问你"山"是什么，你肯定能很快给出回答，但是你并不是一生下来就知道这个概念，而是在你的成长过程中逐渐学会了这个概念。

此外，我能同时进行显意识学习和潜意识学习，我在多个层面对记忆中的概念进行修正。所以，当你经历了一些你以前从未经历的事的时候，我将会建立一个新的概念。因此脑子是越用越灵活的，存储的概念越多，概念彼此之间的联系也就越来越强，就像细胞分裂一样，1个分为2个，2个分裂为4个，4个分裂为8个，这样无休止地循环下去，最后组成一个完整的生命个体。而这里的联系加强之后就能形成一张密集的知识网络。

我对那些你意料之外的事情记得特别深刻的原因，是因为当你碰到这样一件事后，我的显意识会对自己已有的概念进行改正，所谓"吃一堑，长一智"就是这个道理。还有有句俗话说"一朝被蛇咬，十年怕井绳"，正是由于之前的有被蛇咬的经历，知道了被蛇咬可能带来的疼痛、吃药打针的痛苦、高额的医药费等等一系列后果，于是，看到类似于蛇的事物，心里就会不由得感到一阵发寒。

有一些人喜欢墨守成规，每天的生活死板而无趣，就连一日三餐的菜式都很少改变。工作学习也是日复一日，像一台会呼吸的机器人一样。很少改变自己的生活方式，局限于自己的小天地中，不与外人打交道，这对于我来说绝对不是一件好事。

这种千篇一律的生活方式可能会导致智商下降，所以我们需要开阔自己的视野，接受新鲜事物。你可以尝试每天交代自己去做一件以前没做过的事，读一本新书，听一首新歌，记住一个陌生人的长相，走一条新的路去上学，选一家新的餐馆吃午饭，玩一种新的益智游戏等等。不管是什么，只要是你没做过的事都可以。

在接下来的几天里留意你自己是如何标记区分自己认识的人、事物和活动的，比如同学，牙刷杯子和书本。仔细观察它们，在脑海中留下一个深刻的印象，然后闭上眼睛，仔细回想，回想出同学的脸，眉毛是什么样，鼻子是什么样，牙刷杯子上的花纹是怎样的，课本的封面有什么样的图案。尽可能地回想起每一个小细节，这都是锻炼记忆的好方法。

思维小故事

邮票藏在哪儿

夜幕降临，某市一家三星级宾馆一楼大厅里的吊灯刚刚亮起，这时，一阵急促的脚步声从三楼传来。不一会儿，一位两鬓斑白、头发还是湿漉漉的老者气喘吁吁地跑下楼来。总服务台的服务员小姐一看，原来是今天一早住进宾馆的邮票收藏家李达飞教授。只见他上气不接下气地对服务员小姐说："赶快报——警！我的邮票被——盗了！"

几分钟后，刑侦中队的两名侦察员老王和小张来到宾馆。李教授对侦察员老王说："我是应邀来本市参加一个邮票拍卖会的。下午我带着自己收藏多年的那枚底价30万元的珍贵邮票，去了一趟拍卖会现场，与主办单位负责人见了一面并给他们看了那枚珍邮。回到宾馆房间后，我将装着那枚邮票的邮册塞在枕头下，就去卫生间洗澡了。等我洗完澡出卫生间，发现房间的门是开着的。我赶紧来到床前，翻开枕头一看，

邮册没了!"

侦察员老王向服务员小姐询问下午有什么可疑的人员进出过宾馆。服务员小姐说:"今天住店的客人不多,三楼一共开了3间房。李教授隔壁住进了两位采购员,对门住进了一位持有记者证的小报记者。下午李教授出去大约5分钟后,记者也出去了。李教授回来刚上楼,记者也回来了。几分钟后他从楼上下来进了对面的邮局。后来,他回到总服务台对我说:'今晚我可能要9时以后回来,如果有人来找我请他9时以后来。'"

这时,李教授回忆说:"我好像在拍卖会现场觉得有一个人眼睛一直盯着我那枚邮票。莫非就是他?"

听完服务员小姐和李教授的介绍,侦察员老王和小张初步推测这位记者是一个非常可疑的作案者。

侦察员老王叫服务员打开了那位小报记者的客房。这时,大家发现里面没有记者带来的东西,这家伙可能逃了?

侦察员老王和小张带着李教授立即下楼来到宾馆对面的邮局。他们向邮局工作人员出示了工作证并说明来意后,请邮局工作人员拿出了刚才那位小报记者交寄的东西。这是一封挂号信,只见一个大信封上贴着一张大大的刚刚发行的纪念邮票,地址及收信人是本市某住宅小区某某先生收,寄信人的姓名正是小报记者在宾馆登记住宿的姓名。透过灯光看这封信,里面什么东西也没有,奇怪!

这时,邮局门口闪过一个黑影。小张反应迅速,立即追出门去。那个黑影发现有人追来拔腿就跑。小张猛跑上去一把抓住了那人,带回邮局。李教授一看,正是下午在拍卖会现场见到的那位可疑的小报记者。老王将手中的挂号信送到那人眼前,说:"这是你寄的吧?"那人腿有些发软,身子往后一倒,小张一把将他拽住。

"走,跟我们到宾馆保卫科去一趟!"老王三人将那人带回宾馆,总台服务员一眼就认出了他。

等到了宾馆保卫科办公室，他居然开始抵赖，说他并没有偷东西。随即就把他自己携带的包，以及衣服、裤子、口袋里的东西统统倒了出来。

老王说："我们还没有说你偷东西，你怎么就不打自招了呢？我知道邮册已经被你扔了，可你将被盗的邮票藏在什么地方我心里也有数了！"

请问，你知道那枚被盗的邮票藏在哪儿了吗？

 参考答案

人们邮信一般是贴普通邮票，很少有贴纪念邮票。老王见大信封上贴的是一张大大的纪念邮票，故而怀疑那枚丢失的邮票就藏在纪念邮票的后面。

我的法宝 "蒲公英"

毫不谦虚地讲，我作为人的大脑拥有超级强大的思考能力。当然，这要归功于我体内的 1000 亿个神经元。神经元也就是我们俗称的大脑细胞，虽然它们的"身体"纤细得还不如一根头发丝的直径，但是在我努力工作的时候，它们就会立即全部"团结"起来，手拉手汇成一张密密的网，把外界输送来的信息全部拦截下来，然后存在神经元里面。

当然，在"思考—决定"领域占有统治地位的神经元并不是"孤军奋战"的，它也需要团队合作，并且在各部分的完美配合下来完成任务。神经元的领导不是别人，是其主干，即轴突。轴突的主要工作就是发出很多信息，并把信息迅速传递给其他的神经元。第二部分是

让你拥有魔法的记忆

"信息接收员"——树突棘，名如其状，它是树突分支上棘状的小突起，主要负责接收其他轴突发出的信息。第三部分是树状突，它就像一个资源共享器一样，把树突棘接收到的信息传递给其他的细胞体，起到联系各个神经元的作用。

如果你觉得这样的描述有些抽象，那么，就选择在一个秋高气爽的早晨，去郊外散步吧！你会发现很多漂亮的蒲公英。采下一朵，遮住蒲公英上有白色冠毛结成的绒球，一阵风吹来，种子便随风飘到新的地方，并就此孕育新生命。放飞种子的同时，你会发现自己手中空空的花茎，这个已经"孑然一身"的蒲公英，便是现实版的神经元的轴突模型。

再采下一朵蒲公英，仔细观察这株蒲公英毛茸茸的种子，并且为想象力插上翅膀，假设它们变得有弹性，像拉糖丝一样可以拉长再拉长，随即整株蒲公英都变了样。你瞧，变形后的蒲公英像不像树状突？再仔细一看这些被拉长的种子白毛，尖端的细丝向外散开，俨然变成了树突棘！

搭乘想象的航班，我们看到了一片被蒲公英装扮的花海，很美，很柔和。这就是我平时工作的法宝，是我重要的组成部分。没有它们我就没有办法成为一个整体，就不能正常的工作，不能帮助你学习、思考、生活、运动了。

"神经元不会也像蒲公英那么脆弱吧？只是一阵微风吹来，就会随风而去？"可能你会有这样的担心。但事实上神经元可要比蒲公英"坚强"无数倍，一个神经元可以活好几年呢！

不过特别有趣的是，它们虽然看起来像是盘根错杂成一张网，紧密结合在一起，但这一切都是假象而已。所有的神经元都有一个共同的特殊癖好，那就是不喜欢被触碰，彼此间各自独立着。这么多的神经元挤在我的身体里，不会被挤死吗？答案当然是"绝对不会"，因为每个神经元与神经元之间，即使在这么狭窄的空间里面还是给自己找了"立身之地"。虽然它们之间的空隙极小，只有百万分之一英寸的距离，但是这个距离毕竟是存在的，并且科学家给这个距离取了个名字，叫作神经腱。

之前说过我体内大约有 1000 亿个神经元，每一个神经元又有上万个树突棘和树状突，一个神经元可以与其他上万个神经元联系、传递信息，而这上万个神经元中的每一个又同时可以和另外的上万个神经元联系，数量是多么巨大，那一定是一个壮观的场面吧！

惊人的数字也许会吓坏你，但是，绝对不要担心它们会挤爆你的头，这些可是人类思考问题时必不可少的东西，正是由于数量如此巨大，我才能把你们每秒钟传递给我的信息存储在身体里，在你需要的时候随时都可以调出来用。

没有必要羡慕美国最大的图书馆的海量藏书能力，因为我可以储存的信息量要比那大得多！所以，只要你给我信息，我就义不容辞地帮你储存好，在你需要的时候及时为你提供资料，这就是我的责任。你能恰到好处的用到我，这也是让我备感荣幸的事情。

我的身体里还有一个非常重要的东西，叫海马体，也可以叫它海马回、海马区或大脑海马。我的身体里有两个海马，它们分别位于左右脑的颞叶半球。它和其他组织共同搭建了我的边缘系统，而且肩负记忆和空间定位等艰巨使命。因为这个部位的弯曲形状貌似海马，分别位于左右脑半球，所以就给它取了海马体这个名字。

我身体的各部分都各司其职。这个海马体主要负责学习和记忆。但是海马体只能记忆短时间内的信息，这样的记忆并不牢固，它们只能记录前一个小时或前一天做了什么事情。学校里有很多考试之前才抓紧时间看书的考生，他们便是利用了海马体的强大记忆能力，所以通常隔一段时间之后再让他们去考同样的试卷，很多学生的成绩就会下降。

有很多人的短时记忆能力很强，也是由于他们的海马体比较发达。想要长时间记忆这些信息光靠海马体是不够的，大脑需要将存储在海马

体中的信息转存入大脑皮层中，这一转化过程是在经常重复的过程中实现的。但是要做到永久性记忆是很困难的，这就需要隔一段时间重复一次，唤醒存储在大脑皮层中的信息。

一些新闻曾报道有些人因为海马体受伤而导致失去部分记忆或全部记忆，其失忆的程度取决于海马体损伤的严重性。所以，保护好我也是你的一个非常重要的任务。熬夜对我的伤害是很大的。当然，这不意味着我喜欢悠闲的生活，无所事事的我会很快枯萎，我的神经元会死的特别快，也就是你的记忆力会越来越差。总而言之，在生活和学习中，要恰到好处的利用我，让我最大限度地为你工作。

思维小故事

天亮时雪地上的脚印

一夜北风，大雪纷飞，北方某镇笼罩在皑皑白雪之中。天刚蒙蒙亮，雪停了。建筑材料店的姚老板踩着齐脚脖子深的积雪，从 2 千米外的村子里急匆匆地往店里赶。

当他打开店门一看：保险柜被撬！昨天傍晚来不及存入银行的 8 万多元现金被盗！他赶紧拿起电话报警。

不一会儿，刑警开车来到现场。黎队长仔细查看了被撬的保险柜，没有发现盗贼留下的指纹等有价值的痕迹。顺着几个模模糊糊的脚印，黎队长和姚老板发现店后窗户上的钢筋已被铰断了 3 根，盗贼正是从这里进入店内行窃的。窗外是白茫茫的一片，一个脚印也没留下。看来昨夜的那场大雪帮了盗贼一个大忙。

怎么办呢？黎队长决定在附近一带展开调查。他认为盗贼是一个对店里情况很熟悉的人，很可能就是和姚老板住在同一个村子里的人。昨夜是伺机下的手。黎队长留下一位刑警对现场进行拍照，然后带上助手小周来到村里。

快到村西头一栋破砖砌起来的平房跟前时，他们就看见一个人从门里出来，见了他们又神色慌张地退了回去。

"这人十分可疑，我们敲门进去问问他！"黎队长对小周轻声地说道。

笃、笃、笃……门开了，门里站着的是一个40岁左右的中年男子。

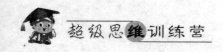

"你们找谁?"中年男子头发蓬乱,两眼浮肿。

"我们就找你。"小周对中年男子说。

"我是一个单身汉,你们警察找我有什么事?"

"昨天夜里你在哪儿?"

"昨天夜里我还在县城呢!"

"县城?那你住哪儿?"

"住哪儿?住按摩店!"

"你是什么时候回来的?"

"天刚亮才回到家。我想看看昨晚那场大雪是不是把我的房子压塌了!"

黎队长朝四周看了看,对那个中年男子说:"你在撒谎!让我们进屋看看。"黎队长向他出示了搜查证。

小周很快就在厨房的一只空水缸里找到了一个布包,里面有八沓100元的钞票。他还在角落里发现了钢丝钳和榔头等工具。

"赶快收拾东西,跟我们到公安局走一趟!"黎队长对中年男子厉声说道。

黎队长究竟发现了什么,就断定说中年男子在撒谎呢?

参考答案

天亮时雪已经停了。如果有人在雪地上行走,肯定会留下一串脚印。可是黎队长只看到了他自己和小周的脚印,没有发现第三串脚印。由此断定中年男子说他天亮才回家是在撒谎。

什么东西最适合用我

不同的时间，我的活跃度不同。那么，什么时间使用我进行记忆效率最高呢？有科学研究表明，每天我会至少有四个记忆高潮：

第一个高潮是早晨起床之后。你在睡觉时，我并没有停止工作，而是在对前一天输入的信息进行编码整理，然后加工存储。一日之计在于晨。早晨刚睡醒时，我面对的是一个没有任何新信息干扰的世界。我会牢牢存储"开工"后的第一批信息。所以，你一定要抓住这个机会哦！

第二个高潮是在晚上8—10点。这个时间段，我的精力会上升到旺盛期，这时候的记忆效率很高，可以利用这个时间来记忆你平时一直觉得记的不太牢固的语文课文、数学公式等等。

第三个高潮是在下午6—8点。这是我一天中记忆效率最高的时间段。这个时间段可以用来记你一直记不住的材料，比如非常难记的英语课文、复杂的数理化公式等等。

第四个高潮是临睡前1小时左右。这个时候你可以试着把需要记得东西熟记一遍，然后就入睡，但是不要逼自己记忆过多的东西。当你躺下的时候，在脑海里像放电影一样把刚刚记忆过的材料回想一遍，这样记忆的效果也是非常好的。

另外，研究者还发现，上午8点我的思考能力开始提升，在下午2点的时候思考能力最强。根据不同时间段我的"表现"，你可以将严谨周密的工作安排在早晨做，而需要快速完成的事情就放在下午去完成，晚上的时间就去记忆一些较难、需要永久记忆的材料。这样统筹安排，不仅让我的工作张弛有度，也可以让你最大限度地提高工作和学习的效率，用最短的时间做更多的事情。

每个人都有自己独特的喜好和习惯，我也不例外。作为你身体中最

让你拥有魔法的记忆

高主管的我，在一定程度上代表了你的身体。所以，了解我的喜好也是一件至关重要的事情。要知道，有些东西或许你很喜欢，但对我来说却是非常有害的，比如食用垃圾食品。垃圾食品的一般都很好吃，但是却真的没有什么营养成分，时常吃垃圾食品对我有百害而无一利。对于昼夜不间断工作的我来讲，摄入足够的营养就像你的一日三餐一样不可缺少。因此你需要通过多种方式去更好的保护我，延长我每个细胞的使用寿命，积极补充我工作时所需要的营养。下面是一些能提高我工作效率的食物。你可以当作参考。

1. 苹果。苹果被人们称作"记忆之果"，可见对提高记忆有很大的帮助。

2. 野生蓝莓果。野生蓝莓果可以清除体内杂质。科学试验表明，长期摄取含有丰富抗氧化物质的野生蓝莓果，能够加快大脑海马部神经元细胞的生长分化，从而提高记忆力。

3. 葡萄。葡萄中含有丰富的维生素 C、维生素 A 以及 B 族维生素，这对提高记忆力大有帮助。葡萄中含有高于其他水果和蔬菜的抗氧化物质，它可以提高神经系统的传输能力，达到在短期内提高记忆力的神奇效果。

4. 橙子、柑橘、橘子。这一类水果中含有大量维生素 A 和维生素 C，是一碱性食物，符合我们碱性的体质。由于现代生活的饮食结构越来越不合理，我的体质也逐渐转为酸性。通过碱性食物的中和作用，能使人精力充沛，有助于促进脑部功能。

5. 菠萝。菠萝中含有丰富的维生素 C 和微量元素锰，而且热量少，被人称为"能够提高人记忆力的水果"。

6. 香蕉。香蕉含有大量的微量元素，特别是钾，有助于预防神经性疲劳。

7. 大豆。大豆中富含蛋黄素和蛋白质，每天食用适量的大豆或豆制品，比如豆浆、豆腐等豆制品，都可以达到增强记忆的目的。

8. 牛奶。牛奶含有丰富的蛋白质和钙质，提供大脑所需的各种氨基酸。每天饮用可以帮助大脑"放松"，增强活力。

9. 鲜鱼。新鲜的鱼里面富含蛋白质和钙质，经常吃鱼能使人变聪明，提高反应速度。

10. 蛋黄。蛋黄中含有蛋黄素、卵磷脂等脑细胞所必需的营养物质，可以增强大脑活力。

11. 木耳。含有矿物质、维生素、蛋白质等多种营养成分，是临考学子们的补脑佳品。

12. 杏子。杏子含有丰富的维生素 A 和维生素 C，可以改善血液循环，保证大脑供血充足，有利于改善记忆力。

13. 菠菜。菠菜属健脑蔬菜，含有丰富的维生素 A、C、B_1 和 B_2，能够为脑细胞代谢提供必需的能量；菠菜还含有丰富的叶绿素，具有健脑益智的作用。

14. 辣椒。辣椒中维生素 C 的含量是其他蔬菜不能相比的，胡萝卜素和其他维生素的含量也很丰富，而且辣椒所含的辣椒碱能够促进大脑血液循环，使人精力充沛，思维活跃。值得注意的是，辣椒生吃效果更好。

15. 黄花菜。黄花菜被誉为"忘忧草"，它有能"安神解郁"的功效。由于黄花菜本身有一定的药性，所以在食用时需要特别注意，避免生吃或单炒，将其做成干品或者煮熟吃为最好。

16. 玉米。玉米胚中富含多种不饱和脂肪酸和谷氨酸等，这就使玉米具有降血脂、保护心脑血管和健脑的作用。

17. 坚果。坚果包括很多种，比如花生、松子、核桃仁、榛子等等。坚果富含卵磷脂，经常食用能改善血液循环、延缓脑功能衰退、增强记忆、延缓衰老，是名副其实的"长生果"。

看到这些食物，是不是已经跃跃欲试、垂涎欲滴了呢？那今后就多吃一些吧！这样可以让我更好地为你服务，达到双赢的目的。

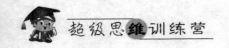

思维小故事

神秘的电文

一天早晨，南方某市公安局正在值班的缉私民警王方截获了一份神秘的电报。上面的内容为："朝，货已办妥，火车站交接。"

王方马上将电报交给了处长李立。李立接过电报看了一遍，认定一定是上次交易未成功的毒品走私残余人员再次进行秘密交易的电文。马上，李立就进行了部署，决心要把这伙毒贩子一网打尽。

这时，王方拿过电文，一边看着，一边有些犯难地说道："李处长，我看我们还是不容易抓到这伙毒贩子。你看，这份电文只有接货地址，没有接货的具体时间，破案无从下手哇！"

听到王方的话，另一位民警也接过话头说道："王方说得对，我们的确无从下手，可我们又得破这个案。我看我们只有把全市可能进行毒品交易的地方全都进行秘密监视，哪里有动静就在哪里行动！"

"你说的话，更是不可能，我们有多少民警，再说，这不是大海捞针吗？"一位民警说道。

"我看你们就不要争了！"一直沉默不语的李处长开口说话了，"其实这份电文，已经明明白白地告诉了我们交易的时间。"

很快，根据李立处长的安排，这伙毒贩子全都成了民警们的阶下囚。

你知道李立处长是如何破译这份电文的吗？

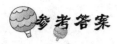 **参考答案**

李立处长告诉大家，"朝"不是某个人的名字，而是表示日期。这在中国古代汉语里是常见的。如果把"朝"字拆开则是"十月十日，"又有早晨之意，所以李立处长判断，接货时间应为"十月十日早晨"。

让你拥有魔法的记忆

使用我的几个小窍门

知己知彼才能事半功倍。想要更好地利用现有的条件或者手中的工具，就要深入地了解它，这样才能让原有的资源工具发挥最大的作用。作为人体活动发号施令的我，也有不为人知的喜好和习惯。而抓住我的这些特征，就学会了使用我的小窍门，这会帮助你更好地利用我，无论在时间还是效率上，都会有一个质的飞跃！现在来看一下我到底有什么喜好吧！

1. 我喜欢的色彩。颜色对帮助我记忆新的知识有很大的益处。把需要着重记下来的部分用彩色笔标记，或者用不同颜色的笔标记。

2. 我每次集中精力最多只有 25 分钟。所以学习 20—30 分钟后就应该休息 10 分钟。这也是学校安排课间休息 10 分钟的缘由。这个休息的时间段，放下你手中的课本，舒展一下身体，做做课间操，或者远眺一会，缓解一下视疲劳。这样适当地放松休息，才能始终让我保持活跃的状态，学习效率也会有很大的提高。

3. 我需要休息。休息是为了能够更好地完成接下来的任务。我不是机器，不能夜以继日不停地工作。如果你感到很累，那就是我向你发出的警告，你可以先拿出 20 分钟小睡一会儿，精力充沛后再继续学习。

4. 我是一台珍贵而复杂的机器，所以你必须给我补充能量。一些垃圾食品、油炸食品、所有的化学制品和防腐剂等都会对我造成很大的伤害。科学研究表明，不良的饮食习惯对大脑会造成很大的伤害。新鲜的水果和蔬菜，比如芹菜、菠菜，新鲜肉类，如牛肉、羊肉和鱼肉等，这些都是可以供给我能量的食物。

5. 我是一个电气化学活动的海洋。我们都知道，水能够促进新陈代谢，流畅的血液循环能为我和心脏提供充足的氧气和养料。当身体无法摄取充足的水分时，你的注意力就很难集中，这时身体就会向你发出"求救"信号。所以，日常生活你需要多喝水，保持我必需的水分。每天喝 8 杯水，可以让我重新动起来，保持清醒的状态。

6. 我很喜欢思考问题。在思考问题的过程中，整个大脑都会活跃起来，促进各个大脑细胞分泌化学物质，并加强细胞间的联系，从而增强记忆力。"一个好的问题胜过一个答案"。就像经常做运动的身体格外的强健一样，经常用我思考问题，也会让我更加灵活敏捷。

7. 我也有自己的节奏周期。每天有几个时间段，是我工作效率最高、思维最敏捷的时间。利用好我最活跃的时间进行学习和研究工作，就会有事半功倍的效果。

8. 我经常和你的身体进行交流。所以，如果你总是很懒散，对周围的事物一副漠不关心或者做什么事情都有始无终，我就会认为你没有积极进取的心，一切对你来讲都不重要。渐渐地我也失去了工作的动力。所以，在学习的时候要注意学习的姿势，做事情要勤动脑，让我保持在活跃的状态，这样我才能更好地帮助你解决问题。

9. 气味对我的影响也很大。我喜欢像薄荷或者柠檬这样的气味，这些气味可以让我更好地保持清醒的状态。

10. 我最需要东西是氧气。新鲜的空气是最廉价的却是最珍贵的。经常到户外做运动，放松一下身体。在一个天然的氧吧里可以让我在得到最好的放松的同时，提取促使我健康有效的运转的养料，为我提供充足的动力！

11. 我喜欢在一个宽敞明亮的地方学习，宽敞的地方会使我感到加倍的放松。

12. 我喜欢整洁的空间。如果你的房间、书桌都乱的一塌糊涂，我就会产生逆反情绪，甚至是厌恶。所以，马上行动起来，让房间里的物品整洁有序，书本各归各位，为你创造一个整洁的环境，为我营造一份美好的心情！

13. 压力会影响我的记忆能力。当你感受到压力时，体内就会产生一种叫做皮质醇的物质，它会杀死我身体里海马状突起里的脑细胞，而这恰恰是我帮助学习和记忆的最重要"部下"。因此，保持一个轻松的心情，对我非常有益处。

14. 我并不知道哪些事情是你不能做的，所以你需要及时告诉我。你可以选择用自言自语的方式跟我说话，但是我只喜欢听积极的话，告诉我一些你的愿望或者你想要什么，我都会尽力帮你实现的。因为你告诉我之后，我会像老师督促你学习一样，每天都提醒并监督着你。

15. 我的能力是可以通过训练来加强的。不要寻找任何借口偷懒，也不要整天待在家里无所事事，这只能让我原有的能力快速老去。专业运动员需要通过每天的训练来保持自己的良好状态，提升自己的能力，这样才有可能在比赛场上有出色的发挥。所以，你一定要有"没事找事"的精神，不要让我闲着，闲来无事的我，很快就会像铁生锈的刀一样，变得毫无用处。

16. 我的理解速度远远快于你的阅读速度。阅读的时候千万不要用笔或是手指一类的辅助物，指着读物逐字逐句的阅读，你应该多尝试运用你的眼睛。利用眼睛的快速移动将你的全部注意力集中到阅读的读物上，这样做记忆效果比用手或铅笔指着效果更好，真正地做到了一心一意。

17. 我擅长归类，也擅长联系。如果你正在学习某篇课文，将它与已学过的类似的课文联系起来记忆，这样每每遇到其中一篇课文中某个场景的时候，你就能马上回想起另一篇课文相同的场景，通过它们之间相同点和不同点的整理归纳，不仅能加深对课文的理解、记忆，而且还能把你以前存进大脑的知识和新知识联系起来，从中获得更多知识，这就是"温故知新"。

18. 我喜欢开玩笑。研究表明，当人带着难过、愤怒等负面情绪学习时，效果非常差，根本无法到达预期的目标。学习效率与负面情绪成反比。所以，你要在生活中保持一种积极乐观的心态，经常开开玩笑，说说幽默小故事，带着一份愉悦的心情将知识容纳到自己的记忆中去。

思维小故事

孵蛋的鸭子

一天晚上，江南某乡政府的财会科被盗。次日早晨，警察局接到报案后，火速赶往现场。

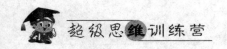

经过紧张的现场勘验、调查、询问证人等一系列程序后，警察们将目光集中在了居住在附近的一户名叫李大海的农民身上。

老刑警王伟便来到了李大海家。

敲开门后，王伟开门见山地问道："昨天晚上发生的事，你知道吗？"

"知道知道，听说是乡政府被盗了。可这和我有什么关系呢？"李大海怯怯地说道。

"你能为我们提供一些破案线索吗？"

"这，我昨晚一直都待在家里，没有出去，不能为你们提供更多的线索呀！"李大海有些异样地说道。

"你昨晚在家干什么了？"王伟又追问道。

"咳，我家的十几只鸭子正在孵蛋，我正准备接小鸭子出生……"

"我看，你就是盗窃犯或者盗窃犯的同伙！"王伟愤怒地打断了了李大海的话。

王伟为什么说李大海是盗窃犯呢？

参考答案

因为鸭子根本就不能孵蛋，所以，李大海是在撒谎。

试试这些你从没用过的小方法

想拥有超常的记忆力吗？试试去做下面的这些小事，你会受益匪浅的：

1. 吃饭的时候尝试闭着眼睛。

2. 多咀嚼，把送入嘴中的饭菜嚼成液状再吞下去，平时也可以多

嚼嚼口香糖之类的小玩意儿。

3. 经常用手指触摸的方法来分辨硬币、象棋子或者麻将。

4. 朗读时不要害羞，尽管放开嗓子大声地读。

5. 每天早晨一定要吃早餐，经常不吃早餐会使记忆力下降。

6. 经常使用你的左手做事情，比如端茶杯、嗑瓜子等。

7. 听不同类型的歌曲、戏曲、音乐会等，哪怕有些你不喜欢。

8. 固定作息时间，过有规律的生活。

9. 给自己固定一个"背书时间"，并要坚持一段时间。

10. 学一项新的体育运动，比如形体舞蹈、健身操等等。

11. 每天散步30分钟。

12. 记录下每一件你做成功了或者让你心情愉悦的事情。

13. 每天出门前对着镜子里的自己微笑并说，我肯定能行。

14. 准备一个记事本，写下自己想要得到的东西或者希望达到的目标，经常拿出来看一看，保持乐观向上的心境，让自己永远都有一个前进的方向。

15. 学会换位思考。这不仅有利于你的人际关系，还可以培养你的理解能力，增强面对事情多角度全方位思考的能力。

思维小故事

一尊假香炉

一天夜里，在西湖旅馆对面的一所民宅中，侦察员老李坐在窗台前，透过窗帘的缝隙，目不转睛地盯视着西湖旅馆。

一会儿，只见一个瘦高个儿的中年人，鬼鬼祟祟地走到旅馆门前，四处张望了一下，闪身走了进去。

这时，老李猛地推开了窗户，跳出去直奔旅馆大门。小王和其他十几名侦察员也跟了上去。

早已埋伏在旅馆里的两个侦察员堵住了旅馆大门。然后把老李他们让进去。

老李带着侦察员迅速来到了 219 号房间。他敲了敲门，见没有人应声，便一脚把门踹开，冲进屋去。

"不许动！都靠墙站着，举起手来。"老李平端着五四式手枪，厉

声喝道。

屋子里的七八个人都惊呆了，片刻才明白过来，慢慢地举起了双手。

老李对那个瘦高个儿的中年人说道："郎有财，你盗窃国家文物，勾结不法港商，走私贩私，终究逃脱不了人民的法网。"

小王上去给郎有财戴上了手铐。

"把他们带下去！"老李让侦察员把这些盗窃国家文物、走私贩私的不法分子押出了房间。

随后，老李和小王几个人开始查收赃物。当见到上个月博物馆被盗的那个香炉完好无损地放在这里时，老李他们的脸上都露出了欣慰的笑容。

老李仔细端详着这只香炉。他发现这只香炉做工精细，造型很美，上面还雕着两条盘龙，龙嘴下有一条凸起的长带，上面刻着一行小字：公元前一百二十八年制造。

"老李，要不要请博物馆的同志鉴定一下？"小王问道。

"好吧，立即派车到博物馆请一位专家来！"小王应声离去。老李又捧过那个香炉端详着。蓦地，他像发现了什么，立即对身旁的一位侦察员说："赶快把小王喊回来，传审郎有财！"

一会儿，小王回来了，郎有财也被带到了老李面前。在老李锋利的目光逼视下，郎有财只得如实招供。原来，被搜查出来的香炉是赝品，而那件真品却被他们转移到另一个地方。按照他所提供的地点，果然找到了那个真品香炉。

事后，小王找到老李，询问他是根据什么断定那个香炉是伪造的。老李指着那个香炉说："这只香炉，虽然伪造手艺不错，可惜太蠢了。"

"蠢在什么地方呢？"小王不解地问。

老李指着香炉上的那行字一说，小李立刻恍然大悟。

老李指出的仿造者的愚蠢之处在什么地方呢？

让你拥有魔法的记忆

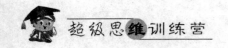

公元前 128 年的人，是不可能预先知道以后要实行公元纪年的。

会照相的右半身

在大部分介绍右脑记忆能力的书、光碟等资料中，都将照相记忆法定义为一种"超能力"，一种很少人能驾驭的特殊才能。但是，这样超能力是每个人都能拥有的，关键是你要学会如何打开右脑记忆的大门，或者知道增强大脑记忆区域能力的方法。

右脑的记忆能力领域中有一个被称为"照相记忆"的能力。所谓"照相记忆能力"就是能把过去所经历过的事情确切、清晰地回忆起来，而不是像我们平时那种经历过就忘记的短时记忆。

做个小实验，从手边拿出一幅画，盯着它看 3 分钟。然后闭上眼睛回想一下这幅画的内容。左上角有什么？如果是一幅人物画，那么回想一下人物的衣服款式。如果是一幅风景画，那么努力想想画里的植物或者建筑物。

初次做这个实验，你肯定会有这样的感觉："噢，我知道这幅画上的内容，可是让我具体描述出细节我好像又想不起来了。"是的，现在你明白了，在未开启右脑照相记忆功能时，你所记忆到的东西都只是一个大概的、模糊的影像。这也是为什么在记忆文章等材料的时候，读着每一行文字你都觉得非常熟悉，好像已经把它记下来了，可是只要一合上书你就会发现自己也就记了个模模糊糊的影子，怎么也连贯不起来。但是只要有人稍微给你提示一两个字，你又能顺着往下说一小节了。

如果开启了右脑照相功能情况会怎样呢？"照相功能"，顾名思义，就是将你的大脑想象成一台数码照相机，"咔嚓"，对着你所要记忆的材料拍一张照，材料就像照片一样被储藏在照相机（大脑）里面了。当你想回忆这份记忆时，那份记忆就自动呈现出来，一样的清晰。

研究表明，0—6岁的幼儿具备照相记忆能力的概率是100%。一般来说，这种能力会随着年龄的增长而逐渐下降。当然，其中也不乏一些特例，比如经过训练的运动员，他们就具备这样的能力。

如果你用左脑——也就是用文字的方式看完一本书，要花10天，但是如果你开启了右脑记忆——也就是用图像看完一本书，那么只需要花10分钟的时间。你也许会觉得很奇怪，同样都是我们的大脑，左右脑之间为什么会有这么大的差别呢？

我们通常所使用的左脑记忆是一种通过理解来记忆的方法。比如记忆一篇课文，老师肯定会要求你先理解文章的主要内容；如果是叙事性文章，我们就会按照事情发生发展的先后顺序来记忆。

但是这与死记硬背有着同样的弊端：很容易记了前面忘了后面，无法像右脑记忆一样获得一个清晰的整体印象。左脑缺乏创造能力，而右脑恰恰补其不足，具有强大的想象能力和联系能力，并且能够在瞬间把握整体，这样就可以凭借潜意识中的直觉修改错误的部分，将抽象类概念转化为更容易记忆的图画的形式。回想文章第一个自然段时，第二自然段已经跃入你的脑海，就像灵感闪现一样。这种高速、大量、自动处理信息的能力是左脑无法做到的。

让你拥有魔法的记忆

思维小故事

多走了半个月的挂钟

一天晚上，在马湾派出所里，值班青年民警小牛，正在听郑所长讲那富有传奇色彩的侦破故事。突然，门外响起了敲门声。

小牛开门后，从外面慌慌张张地闯进一个人。来人喘息未定，便焦急地对小牛说："报告警察同志，我家被盗了！"

小牛见来人是报案的，忙领他来到值班室。

"坐吧。别着急，慢慢说。"郑所长拉过一把椅子让报案人坐下，并递给他一杯茶水。

报案人有三十七八岁，中等个儿，鼻梁上架着一副眼镜。他平稳了一下情绪说道："我叫崔平，是机械厂的业务员。事情是这样的，一个多月前，厂里派我去南方催办一批原料，今天晚上刚回来，就……"

听了崔平的话，小牛这才注意刚才崔平满脸倦意，像是一个经过长途奔波刚下车的旅客。

"接着说吧。"郑所长又接上了一支香烟。

崔平掏出手帕，擦去了额头上的汗水继续说道："我走到家门口一看，门开着，锁头被扔在地上。我一步跨进门去。屋子里的情景把我惊呆了，东西被翻得乱七八糟，箱子、衣柜、书柜、写字台都被人翻过了。我一查看，发现放在衣柜底层大抽屉夹板中的 2 万元钱不见了，那是别人托我买钢琴的钱哪！"崔平说到这里，后悔得直拽自己的头发。

"怎么能把那么多钱放在家里呢？"小牛问。

"唉！"崔平长叹一声，"去南方催货是厂里临时通知我的，没来得及把钱存银行，我就走了。哪承想……"

"这样吧，我们马上跟你去现场看看。"郑所长站起来，系好了警服上的风纪扣。

3个人很快来到了一幢6层红楼前。

"到了，在六楼。"崔平领着郑所长和小牛登上了六楼。

发案现场果然和崔平刚才讲述的一样，而且屋子里到处是灰尘。郑所长和小牛仔细勘察了现场，没有发现任何可疑的指纹和脚印。

郑所长站在窗前沉思着。

"当当当……"墙上的挂钟响了12声。

忽然，郑所长紧锁的眉头一松，好像发现了什么，又问崔平："这屋子里只有你一个人住吗？"

"是的，这间房子就我一个人住。我虽说已是快40的人了，可还没有结婚，过独身生活。"

"你出差后，家里没来过别人吗？"

"没有，我回到家里发现被盗，就马上到派出所报案了。"

"那好吧，还是请你把真实的情况说出来吧！"郑所长冷冷地说。

在事实面前，崔平不得不交代了自己制造假案的经过。原来，两个月前，别人给崔平介绍了一个对象，女方要他必须买来成套的高级家具，不然就不结婚。没有办法，他就把别人托他买钢琴的钱花了。花了人家的钱，怎么交代呢？他从南方出差回来后，关在家里冥思苦想了3天，才制造出了这个假案，但还是没有骗过公安人员的眼睛。

郑所长怎么推断出这是一起假案的呢？

参考答案

因为挂钟半个月就要上一次发条，而崔平说自己出差一个多月，可屋子里的钟还在走，所以这显然是谎话。一审问，果然如此。崔平在前三天就回来了，他只注意到没擦掉屋子里的灰尘，却无意中给挂钟上了发条。

有意记忆法

在没有真的开启右脑记忆的大门之前，我们是很难记住所有东西的，这是因为我会主动发出一定的信号故意忽略他们。比如在嘈杂的环境中，如果我没有静下心去听周围人的对话，那么除了一片嗡嗡声，我几乎是什么也听不进去。

所以，当你在记忆某个材料时，如果你没有做好把它记下来的打算，只是一目十行，草草略读，那么即使你读上三天三夜，也没办法真的把它牢固地记下来。所以，需要调动记忆功能时，除了打开右脑记忆之外，还需要确定记忆的决心和明确记忆的目标。

历史上曾经有这样一个故事：

朱熹，宋朝人，理学集大成者，是一个学识渊博的人。有一次，一个名叫陈正之的读书人向他请教，说自己无论怎样努力读书，收效总是甚微，明明前晚才念过的书第二天就忘得干干净净，没有半点印象了。就连隔壁家的小孩都能记得比他多，这样下去更不要提什么考科举高中状元了……就连家里人都开始数落他，这让他十分苦恼。

朱熹听了读书人的抱怨后，随手拿起一本书让陈正之阅读，只见他一目十行，快速翻着书页，不一会儿已经读了大半本书。朱熹见状后便明白了，对他说："不是你的记忆力差，而是你的读书方法有问题。你这样囫囵吞枣的读书方法，虽然耗费大量的精力和时间，但是收获很少很少。书的确是一页一页地翻过去了，但是肯定没有记住多少东西。读书不能只贪图速度快、数量多，而要讲究方法，比如读书的时候脑子要配合着思考，加深对书籍内容的理解，用心去体会，这样认认真真读上一本书比粗略读10本收获要多得多。读书的根本目的是增加自己的知识，提升自己的文化修养，如果只是把读书当作学习目的而不重视其过程，那么即使读再多的书，书中的精髓你也无法领略到。"

经过朱熹的一番教诲，陈正之豁然开朗。之后彻底改变了自己的读书方法，每读完一段文章，他都会总结文章所讲述的主要内容并阶段性地仔细回忆其中的重要章节。用正确的方法学习了几年之后，他终于成为一个学富五车的大师。

之前提到过，在你的右脑尚未被完全开发的时候，你的思考是以左脑为主导的。而且，我们锻炼自己的右脑能力的同时并不是抛弃左脑。实验表明，左右脑同时活跃的时候，是记忆能力最好的时候，这个力量是任何一个半脑都无法比拟的。所以，在锻炼右脑的同时，也不能忽视我们的左脑。

要进行有意记忆，首先要为自己确定一个明确的目标，这要大脑潜意识有一个内驱力，最后充分地调动身体、心理等各方面进入活跃的状态，从而达到增强记忆的效果。

还有一点十分重要，一定要对自己充满信心，并且不轻易去改变你设定的目标，也就是说要一心一意，专心致志，不能朝秦暮楚或者中途放弃。如果面对着记忆目标，你早早地打起退堂鼓，有"这太难了，我完全没办法做到"或"这个不行，换一个试试吧！"的想法，那么，成功的女神也许永远都不会眷顾于你的！

我的秘密——无意识力量

无意识力量作为一种隐藏的力量，往往蕴藏着惊人的能力。许多过目不忘或者创造出传世之作的人都具备这种力量；瞬间的灵感或者离谱的梦境也是无意识力量的一种表现形式。

引发"无意识"力量的主要方法有音乐、朗读、速听和速视。"无意识"存在于我的深处，由于通常我只用自己的表层意识来工作，所以处于我深层的"无意识"受到了"埋没"和"压抑"。因此，如果你没有强大的决心和毅力，是无法激发"无意识"力量来帮助你达成你心中既定愿望的。

对于我们来说，能够"刺激"无意识力量最容易的方法就是利用音乐进行听觉刺激。研究显示，轻柔的音乐比摇滚乐更能对大脑产生正面影响。因为它们的节奏和韵律不会让大脑受到过分的刺激，而且还会带来一种愉悦的享受。这是一种能被听觉加以发挥的正面能量，因此古典音乐更适合进行听觉刺激的练习。贝多芬、莫扎特、巴赫的音乐以及我们中国传统的二胡、古筝曲子都是非常适合进行这类训练的音乐。同样的，阅读和背诵也能够诱发"无意识"力量。人在阅读和背诵的时候，注意力会高度集中，进入一种忘我状态。回想一下，当你在课堂上认真背书的时候，你能回忆起当时讲台上的老师是什么表情吗？

速听和速视能改变左右大脑的交换情况。我的左脑喜欢慢速的东西，而我的右脑却格外喜欢快速的东西。众所周知，我右脑的能力要远比左脑强很多倍。怎样保证自己使用的是我的右脑而不是左脑呢？答案我已经告诉你了——速听和速视。

"速"，顾名思义，就是快，能有多快呢？快到我的左脑跟不上我的右脑的速度就可以了。一般情况下，4倍的听力速度是最好的。当你在使用我记单词的时候，对自己说，放轻松，别担心，我们现在用的是右脑。对于喜欢快速的右半部分来说，这是最好的训练。要知道，我的右脑的速度是左脑的100万倍！

什么意思呢？也就是说，你用左脑阅读一本书，一分钟只能看400~600字，但是如果你用右脑，猜猜会是多少？——一整本！是的，就是一整本！一个月的速听和速视训练能帮助打开我的右脑潜能，记忆力会得到极大的提高。而如果你坚持一年，就会有意想不到的惊喜。名列前茅？当然不在话下。

也许你曾有过这样的感觉，看一本小说只要几个小时，而且情节和人物都记得很清楚，但是，如果换做是背一本单词，却有一种怎么翻也翻不到最后一页的"痛苦"。也许经过一段时间的不懈努力，终于将这本单词背下来了，但是隔了一阵子，重新再看这本书时，发现自己根本没有记住什么。这样的打击，是不是消磨了你的信心和勇气，一提到背单词就头疼呢？究其原因，就在于看小说时只是粗略一扫而过，你会将注意力集中在人物和情节上。而背单词时，你对我下达的命令是记住每

让你拥有魔法的记忆

个单词，这对我的左脑来说是相当困难的，所以，自然而然的往前推进的速度就相当的慢了。

右脑的无意识力量可是相当惊人的，无意识视觉信息处理能力可以让你用极快的速度将只看过一眼的东西印刻在脑海里——而且是在你快速地一页页地翻书而不是逐字逐句地看的时候。

当然，冰冻三尺，非一日之寒，绝大多数人的阅读状态都是基于普通意识，这样即使快速翻书，也是没有任何作用的，不然岂不是人人都是天才了？只有进入右脑学习模式，才可以将进入我们眼睛里的信息准确无误地存储到我的身体里。而想要进入右脑学习的模式，关键就在于——冥想。

思维小故事

房间的秘密

罗娜和哥哥比特到某市参加一个博览会。他们住进了一家豪华宾馆。哥哥比特住在 13 号房间，罗娜住在上一层的 25 号房间。

尽管旅行有些劳累，兄妹俩还是决定吃一些东西以后再睡觉。吃到一半的时候，哥哥比特觉得非常劳累，遂放下手中的刀叉，回房间去睡觉了。罗娜一个人把剩下的东西慢慢吃完。

吃过饭后回到房间，罗娜美美地睡了一觉，因为实在疲倦，一觉醒来已经是第二天中午了。罗娜赶紧起床，下楼去找哥哥比特。她怕哥哥一个人出去了，没有等她，所以觉得应该先打一个电话。她把电话打到宾馆的接线台，接线员小姐告诉她，宾馆没有这个房间。

罗娜一听就急了，赶紧下楼去找宾馆登记人员，登记人员指着登记簿说："罗娜小姐，这里只登记了你一个人，没有别人，我们这里的确没有 13 号房间。"

罗娜只能去找宾馆经理，让经理陪着她来到 13 号房间所在的楼层，只见门牌上写着 12 号和 14 号，的确没有 13 号。

这到底是怎么回事，13 号房间会凭空消失吗，哥哥去哪儿了呢？

参考答案

其实，13号房间是存在的，只是哥哥比特出了问题。宾馆的工作人员当天晚上发现比特得了一种传染病，为了不引起其他旅客的恐慌，造成博览会的混乱，宾馆封闭了13号房间，并把比特送进医院，且消除了他的登记记录。而宾馆的工作人员并不知道罗娜和比特是兄妹关系，所以没有向她说明任何信息。不过，最终误会还是解开了。

我最爱的练习——冥想

冥想是把右脑调动起来的最简单和最直接的办法。经常冥想能够提高注意力，而且能够打开右脑的记忆之门，让大脑时刻处于高效状态，记忆力也会随之大幅度提升。下面介绍几种简单可行的冥想法。

冥想一：

1. 用你觉得最轻松的姿势坐着，但是注意不要半靠着床或椅子，那样会很容易产生睡意。当然，也不必太拘泥于形式，左手叠在右手之上然后轻轻地放到大腿上即可。

2. 注意一下你现在的呼吸。你吸气的时候肚子是凹下去的吗？如果是，你需要调整成腹式呼吸。正确的腹式呼吸最基本的标准就是吸气时腹部微微膨胀，吐气时腹部微微凹陷。做完几次腹式呼吸后，接着你可以随意呼吸。

3. 闭上眼睛深吸一口气。吸气的时候心中默数4秒，然后屏住呼吸同样保持4秒，同时想象气息顺着鼻子到达腹部，然后深入到肚脐。呼气的时候同样呼4秒，并想象身体内的废气缓缓排出体外，呼完之后继续保持4秒。这样保持下去，反复练习。

4. 继续腹式呼吸，不同的是逐渐改变呼吸的时间和力道，增至 6 秒、8 秒。腹式呼吸的时候不要强制自己屏住呼吸，要在自己身体承受的能力范围之内，长时间屏住呼吸会对身体造成不良影响，不仅适得其反，还会对我造成损伤。

5. 腹式呼吸结束后，你便可以自由呼吸了，不过你可以继续闭上眼睛，想象额头上挂着一轮圆月或者太阳的图景，而且想象月光或太阳光从你的额头的正中一点点流入你的身体里，想象你和你所坐的椅子融为一体，然后你和椅子又逐渐与整个房间融为一体。这样一步步想象自己与整个房子、城市、国家、地球、宇宙融为一体。想象完毕后再从宇宙开始返回你所坐的椅子。

以上这几个步骤最好是选择每天同一时间做，这样的冥想有助于形成良好的生活习惯。

冥想二：

1. 找一个安静的地方，端正坐好，闭上眼睛，排除杂念。

2. 想象着自己的身体里充满能量，容光焕发，朝气蓬勃。然后想象你在一条笔直的大道上前进，这就是你的人生之路。

3. 在你的身后是无边无际的黑暗，你把这些黑暗甩在身后。踩在你脚下的是你一直想要克服的各种缺点，比如虚荣、贪念、懒惰等等。你把这些缺点一一踩在自己脚下或把它们从你身上拽下来扔到一边。

4. 在大道奔跑的途中，你丢掉这些缺点。从此，你周围的景色越来越动人，路的尽头是明亮的光。

5. 想象你自己沐浴在绚丽的阳光中，张开双臂，被温柔而充满能量的光芒所包围，能量一点点从皮肤渗入到血液当中，整个身心都焕然一新，充满活力。

冥想三：

1. 想象你从信箱中收到了一封来自远方朋友的信。你把它拿进屋里，然后坐在茶几前，拆开信封，仔细阅读信的内容。

2. 现在开始时光倒流，就像录像带回放一样。想象一下你把折好的信放回信封，起身倒退着退出书房，再把信装回信箱中。

3. 想象这封信的旅途，它回到当地的邮局，又被放回邮车上，顺着来时的路被卡车送回到上一站它所到达的城市，然后它被放回邮轮，一路漂洋过海回到澳大利亚的邮局。

4. 现在这封信被送回到你的好友给你写信之前，退回到他展开信纸拿起笔准备写信的时候。

这样的冥想会帮助你更好地调动右脑，在休息的时候不妨试一试吧！

思维小故事

三岔路口

一天清晨，一个黑影扑通一声从看守所的高墙上翻越下来，连滚带爬，不顾一切地向西边窜去。

"铃……"警报声大作，几个民警持枪追了出来。

"盗窃嫌疑人黄朋逃跑了。看守所的北面是条大河，逃走的嫌疑人只有东南西3条路可走。小王，你去东面，抄近道封锁住通往火车站的路口；小赵，你去西边，向稻田方向追踪。"看守所所长老田下达了紧急追击的命令。

"是！"两人和所长一起，拎着张开机头的手枪，分别朝东南西方向追了下去。

小赵刚从警校毕业，参加公安工作不久。小伙子虽然刚刚18岁，但聪明好学，工作中遇到什么问题，总要多想几个办法，然后再琢磨出个最佳方案。今天，是他参加工作以来第一次单独执行任务，心里既高兴，又有点紧张。但他决心胜利完成追捕任务。

小赵向西追出约有半里路，忽然站住了。他发现前面是个三岔路口。怎么办？朝哪条路追下去呢？小赵心里十分着急：万一追错了路，逃走的嫌疑人就有可能从自己的眼皮底下逃掉。他分别朝三个路口张望了一下，可是路口的尽头都没有人影。正在他犹豫不决之时，蓦地，他发现左边那条道两边的稻田水面上有被什么东西搅浑的迹象，是犯罪嫌疑人的脚印？小赵急忙伏下身去仔细察看。他用手摸水下的泥土，没有

新踩的脚印。怪了，这是怎么回事呢？小赵思忖了片刻，忽然惊叫起来："看你往哪里逃！"说完，他顺着左边的小路猛追下去，果然在前面不远的水沟里把犯罪嫌疑人抓获了。

小赵是根据什么判断犯罪嫌疑人从左路逃窜了呢？

时值盛夏，稻田里有许多青蛙。清晨，它们都跳到路上来歇凉。当犯罪嫌疑人从左边的小路上跑过去时，青蛙受惊，纷纷跳到稻田里，于是水就被搅浑了。小赵正是从这容易被人忽视的常见现象中发现了犯罪嫌疑人的行踪。

神奇的半脑人

你听说过半脑人吗？——大脑缺失半边，听起来确实难以想象。但这个缺失并不是像用一把斧子把大脑劈掉一半一样，而是取出头骨所包裹着的脑容物的一半。比如，癫痫患者由于脑部异常放电而产生抽搐等癫痫反应。对于那种已经无计可施的紊乱症患者，医生会做一个特殊的手术，即切除异常放电的半个大脑。据统计，这类手术的最小患者只有3个月大。有报道指出，一些接受过这种手术的病人，记忆和性格发育正常，而且会在某些方面表现出超于常人的"天赋"。这说明，这种手术对于患者的性格和记忆并没有明显的影响，而且在某种程度上挖掘出了人的潜能。

当然，这种手术带来的负面影响也是不容小觑的。切除掉半个大脑——那么由这半个大脑所控制的肢体会相应地失去其作用，而且会引发语言上的障碍。

人脑中大约有 140 多亿个细胞，但是只有约 10% 被利用，而其余 90% 的脑细胞却几乎都被"闲置"，整天无所事事。一个普通人，一生中最多使用 14 亿脑细胞。怎样启动这些进入休眠的细胞呢？一些修炼的人在深度冥想静思中，可以达到这一点，从而提升到常人难以达到的智慧境界。古时候的一些圣人和得道者就是成功的例子。

《武汉日报》就曾经报道过一例半脑人。这例半脑人是个女孩，出生的时候由于难产导致左边大脑功能缺失，但后来生活和学习都无异于常人，毕业后在一家企业工作。其母亲介绍，没有左脑的女儿不仅智力正常，而且记忆力更是比一般人还要好，记电话号码、地名等可以做到过目不忘。女儿曾在一家百货公司打工，每一笔看过的账都可以记得清清楚楚。

无独有偶，据英国媒体报道，美国弗吉尼亚州福尔斯彻奇市，一名 37 岁女子创造了堪称奇迹的医学案例。她就是米歇尔·迈克。当米歇尔还在母亲肚子里时，母亲不幸中风，导致米歇尔左半边大脑完全丧失功能。不可思议的是，失去左脑的米歇尔仍能流利地说话。在上学和工作等方面，完全和正常人没有区别。这让很多人都难以置信！其实之所以会这样，是因为米歇尔的右脑"主动"承接了左脑本该负责的任务，而且做的比左脑更加出色。

这些事件看起来的确不可思议，一个大脑整整缺掉一半的人，不仅智力没有受到丝毫影响反倒记忆力超群！然而这样的事情的确有一定的科学依据。普通人的一生中最多使用不超过 10% 的大脑能力，而且，我们还可以注意到一个问题，那就是我们左右半脑的差别。大脑处理图像的能力要远远高于处理语言、文字的能力。比如，你也许能清楚地记得小学看过的动画片，但是却没法回想起几天前看过的一本书。所以我们就能很容易的明白这个半脑女孩的情况了——由于左脑缺失，反倒促成了她右脑能力的提升，代替了原本应由左脑承担起的"工作"，最终不仅智力没有受损，反倒变得记忆力超群。

任何器官都是用进废退的，比如盲人，由于眼睛看不见，他的听觉、嗅觉、触觉等反倒会比一般人灵敏得多。所以，如果你想拥有惊人的记忆力，那就充分的开发大脑的潜质吧！它就像浩瀚的大海，有无穷无尽的能量等待着你去挖掘！

思维小故事

有雾气的眼镜

一个雪花曼舞的夜晚，溪北派出所里来了一个戴眼镜的中年人。民警老周接待了他。

来人摘下眼镜，用手帕擦了几下，又戴上，然后自我介绍说，他叫常宁，住在附近工程学院的宿舍。学校放寒假，爱人领着孩子到姥姥家串门去了。他因为要给夜大的学生上课，所以没去。今天晚上在夜大讲完课刚一进家门，看见屋里有一个人在翻他家的东西。他一看，是邻居王大陆的儿子小海，就把他抓住了。可小海死不认账，便只好来报告派出所。

老周听完他的一番叙述，沉思了一会儿问道：

"小海是怎么进去的？"

"门锁被撬坏了。"

"您家里丢什么东西了吗？"

"还没发现，因为我当场抓住了他。"

"您把他带来了吗？"

"没有。他哭喊着死活不来。他那爹妈更是不讲道理，说我赖他们的儿子。最好您去看看，小海那双大鞋，在我的地板上留下了清晰的鞋印。"

"好，咱们去看看。"

老周披了大衣跟常宁来到一栋7层楼前。常家住三楼。老周走到门前一看，门锁果然被撬坏了，常宁又在上面临时安了一把锁。屋子里很暖和，热气扑脸，老周只得脱下大衣。他在勘察现场中，果然发现洁净的红漆地板上留下了一趟脚印。老周顺着脚印来到了窗前。观察了一会儿，他抬起头来，目光却猛然在结着冰花的玻璃上停住了。他回头问常宁：

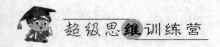
"你进屋看清是小海在翻东西吗?"

"没错儿,我刚走上楼梯就听见里面有动静,进屋一看是小海,他刚想跑就被我抓住了。"

"你真的是进屋就看见他了吗?"

"是的,一点儿不错。"

"可您那眼睛……"

"啊,别看我近视,可戴上眼镜却看得很清楚。当我透过镜片看清是他时,气得我差点跳起来……"

"好了,您不要生气了,还是把事情真相讲给我听听吧!"

"什么?"常宁惊得瞪大了眼睛。

"这有什么可奇怪的,其实,你自己心里最清楚。"

老周如此这般一说,常宁低下了头。

原来,常家和王家因为孩子经常吵架。前不久,王家的小海和常家的小胖又打了一架,为此,两家大人也对骂了半天。每次打架,小胖都打不过小海。于是常宁就想出了个主意,把小海放在走廊上的鞋,让小胖穿上在地板上走一圈,报了假案,想通过派出所把小海整治一番。可是却被老周识破了。

老周怎样发现常宁报的是假案呢?

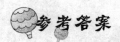
参考答案

因为常家屋里十分暖和,常宁若是从寒冷的外面回到家里,近视镜片必然会立刻被雾气蒙住,他不可能马上看见作案人,更不能认出来他的面容。所以,老周判断常宁是报了假案。

睡觉也能记忆

睡觉也能记忆吗？

你是否察觉到，我们的很多奇思妙想或者创作灵感都产生于酣睡后的清晨。睡眠不仅可以缓解大脑疲劳，还会为"记忆和创造"提供足够的物质基础，更是对"记忆的巩固"起到积极的促进作用。

往往有经验的考生都知道，拥有一个完整的高质量睡眠会比彻夜复习产生更好的效果。所以，给自己一个深度的睡眠吧，第二天你会感觉神清气爽，充满力量。相反的，通宵达旦地复习，会不间断地消耗大脑能量。这样，大脑只会变得迟钝，在考试时，脑海里经常是一片空白，什么都记不起来。

早有科学家证实，熬夜会损害记忆能力。缺少睡眠的人经常会出现疲劳、头晕眼花、心慌、食欲不振，记忆力下降等。所以充分的睡眠、有规律的睡眠是最可靠的能长久促进记忆力提高的方法。

达·芬奇创造了一种"定时短期睡眠工作法"，以 4 小时为一周期，每工作一周期便睡 15 分钟。达·芬奇就是用这个方法争取了大量的工作时间。小算一下，他每天只用睡 1.5 小时，与此同时，他的工作效率也大大地提高了。曾有一位生理学家对达·芬奇的睡眠法进行了长达两个月的测试，结果证明，达·芬奇的睡眠法完全能够满足人生理上对睡眠的需求，这预示着对人体生理潜能方面研究又有了一次大的飞跃。

当然这都是别人的成功经验。每个人的身体机制不同，并不是所有人都适合这样的睡眠方式。所以，即使你再勇敢，也不可贸然尝试。应该完整地了解自己的身体习惯和机制后，再判断你是否适合这种方法。我们应该首先了解自己的身体，这个巨大的能量源拥有无限可开发的潜力，我们的生活需要不断依赖它得到最大发挥。记住，你是由它组成

让你拥有魔法的记忆

的，它只是你的一部分，只有将它们的所有联合起来形成物化了的真实生命之后，才出现了你。你不是平凡的，你拥有宇宙的能量！

在睡眠这个问题上，每个人都应该找出适合自己实际情况的睡眠方案。下面提出几点建议，供大家参考：

1. 人在生理上对睡眠的需求是以一个半小时为周期作为参考的，也就是说在没有任何现代仪器提醒你的前提下睡到自然醒，将你的睡眠时间计算一下，你会发现它是一个半小时的倍数。

2. 午休是个好习惯。午后小憩能够帮助你在接下来的工作学习中保持一种积极的状态。

3. 形成良好的生物钟，让你的睡眠时间保持在一个半小时的倍数上，比如3、4.5、6、7.5小时等等。如果你在没有闹钟或旁人叫醒你的前提下睡满睡眠周期就自然醒，那么恭喜你，你将开启一个不一样的人生！

4. 当然，有些人即使没有睡满睡眠周期也同样的神采奕奕，这并不能证明上述理论是错误的。他们之所以能够保持一个良好的精神状态，是因为即便没有完成最后一个周期的睡眠，他们的睡眠时间依然接近7.5—9小时。

5. 我们关注的不是是否缺乏睡眠，而是如何更聪明地睡觉，找出最符合我们天性的睡眠方式，让你在睡眠中获取收益。

在此我向大家介绍两个概念：单相睡眠和多相睡眠。

单相睡眠，即我们古人所遵循的"日出而作，日入而息"的作息规则。而多相睡眠，则是指在一天内分布存在多次的睡眠。也就是睡着后不久清醒，又由清醒进入睡眠状态的睡眠类型。比如，如果你喜欢午休，那么你就是一个很典型的多相睡眠的例子，当然这样的多相睡眠还远远不够，不过你已经很清楚多相睡眠的好处了，不是吗？

中午休息一小会儿，下午整个人都会精神起来，但是如果你睡了整整一个下午，反而会觉得睡得特别疲惫。自然界中的大多数动物的行为都属于多相性的，人类在婴儿时期占主导地位的睡眠方式便是多相睡眠。但是当我们长大之后，受周围的环境、教育等多种复杂因素影响，我们的睡眠方式会慢慢变成单相睡眠。

曾经有这样一个实验，将一部分人放在与世隔绝的环境中，保证他们无法从自然因素，比如从太阳判断大概什么时辰，或人为暗示比如钟表、电视节目等来判断实际时间。观察人群的表现，会发现人们更多倾向于短暂睡眠行为，而不是保持睡眠。

但是，在现实生活中，由于我们已经对外界环境的反应变成了潜意识里的习惯，所以，我们基本都保持着每天8小时的睡眠时间，过着朝九晚五的作息习惯，忘记了我们本能的符合生理需求的睡眠方式。

其实，就工作效率而言，在疲倦的时候睡一小段时间要比睡整整一个下午的效果要好得多，哪怕没有真正进入睡眠阶段，闭上眼睛让大脑休息一会儿，这在提神醒脑方面也有很好的效果。据说历史上那些名人比如巴克明·斯特弗勒、托马斯·杰斐逊和列奥纳多·达·芬奇等都一直采用这个方法，另外还有诸如尼古拉·特斯拉、托马斯·爱迪生、拿破仑和温斯顿·丘吉尔等杰出的人物，更是同时利用打盹儿来获得较大收益。

思维小故事

停摆的座钟

一天夜里，位于市中心的南华钟表店被盗，更夫也被杀害。作案后，凶手逃跑了。

　　侦察员刘凯接到报案后立即赶到现场。他仔细勘查了现场，发现狡猾的凶犯作案后清除了一切痕迹。刘凯点燃一支烟，边吸边在屋里继续查看。

　　忽然，他的目光被柜台上的一架"金杯"牌座钟吸引住了，那钟壳的玻璃已被打碎，指针已停摆，定在 9 时 35 分上。刘凯对座钟进行了仔细检查，发现座钟的机器完好，发条尚紧，从钟面有敲击的痕迹看，座钟是受外力影响致使摆度减小而停摆的。这很可能是更夫与犯罪分子搏斗造成的。当刘凯的目光落在表针上时，疑点也随之增大了：时针好像被人拨过。他发现，如果座钟是因为受到撞击而停摆在 9 时 35

分，那么，分针在"1"上，时针就应该在偏"10"的位置上。但情况却恰恰相反，此时，时针却定在了偏"9"的位置上。刘凯从时针和分针反常的位置上看出了破绽，认为一定是犯罪分子为转移视线，在座钟上布下了迷魂阵，妄图把侦破工作引入歧途。怎样才能找出座钟准确的停摆时间，也就是案犯的作案时间呢？刘凯思忖了片刻，终于想出了一个方法，确定案犯作案的时间是在 7 时 30 分。然后，刘凯用按人定时定位的方法，迅速抓获了盗窃杀人犯。

刘凯是用什么方法确定案犯的作案时间的呢？

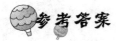参考答案

刘凯从座钟上看出，犯罪分子只拨动了时针，而未动分针。于是，刘凯将分针顺时向前拨动。当分针拨至"12"的刻度时，座钟"当当当"响了 8 声。由此，刘凯断定犯罪分子作案时间是在 7 时 30 分。

让你拥有魔法的记忆

第三章　带你飞过记忆障碍

妈妈的购物单

周末下午，妈妈带着女儿敏敏去超市买东西。到了超市后，妈妈突然发现，因为走得匆忙，之前准备好的购物清单落在了家里。没办法，妈妈只好凭着残留的记忆，想到什么就买点什么。虽然购物花了很多时间，但是妈妈还是觉得有些东西没有买，但是一看到超市结账的人排成了长龙，妈妈只好叹了口气，带着女儿回家了。

回到家拿起购物单一看，糟糕！忘了买大米和牙刷了。家里的米吃完了，爸爸的牙刷也该换了。但一到琳琅满目的超市，脑子就乱了，这购物单上这么多种商品，怎么才能一下子记住呢？这可愁坏了妈妈。

敏敏拿过购物单一看，哟，还真不少呢，大大小小，足有12件，而且妈妈还给每一件商品的前面标记了序号呢，它们分别是：1 肥皂，2 丝袜，3 大米，4 牛肉，5 白菜，6 葡萄，7 牙刷，8 拖鞋，9 拖把，10 水壶，11 酱油，12 鸡精。

"妈妈，我有办法快速地记住它们，就算不带购物单也不会出错了！"敏敏笑着说。

"喔？"正在发愁的妈妈眼前一亮，"你有什么好办法，快说来听听！"

"我用联想的方法啊，把要买的东西连成一串，编成一个小故事，这样到了超市，要买的东西就像在眼前一样，每件都不会漏掉了！我是这么想象的：黄澄澄的肥皂小姐穿着丝袜，丝袜太滑，一不小心滑到了大米里。这时，一块红色肥嫩的牛肉从天而降，正好盖在了大米上，把肥皂小姐压在了下面。白菜哥哥见义勇为，和葡萄妹妹一起拿起牙刷当武器，打走了牛肉，救出了压在大米下的肥皂小姐。飞翔的拖把载着拖鞋，去找好朋友水壶，它们要一起做一顿美餐，这顿饭里要用不少调料，尤其少不了酱油和鸡精。"

"啊，原来这样啊！"妈妈恍然大悟，"我知道了，把要买的东西编成一个生动的故事，比光记那些枯燥的词好记多了！刚刚我跟着你的思路走，你说完了，我也都记住了！不过这要充分发挥想象啊，用上拟人、夸张的方法才会更形象。我学会了这种记忆方法，以后去超市就不用写长长的购物单了！"

你学会这种联想的方法了吗？一起来发挥你的想象力吧！给你的思想插上奇妙的翅膀，让生活变得更方便一些吧！

神奇的历史课

这学期，比尔的班上来了一位新的历史老师。比尔所在地班的历史成绩实在太差了，已经让好几位优秀的老师吃尽苦头，好像无论怎么教，历史成绩就是上不去，总是牢牢占据着年级最后一名的位置。

所有的历史老师都非常不情愿被派到比尔班上授课，相应的，比尔班上的同学也开始由最初的喜欢变得讨厌起这门课来。每次老师们都会说这个班上的学生历史成绩有多差，太给自己丢脸了，这让同学们非常郁闷。这次又换了一位老师，估计也和之前的老师差不多，所以同学们纷纷表现出不屑一顾的态度，揣测起哪个"胆大"的老师敢来挑战他们！上课的铃声在走廊里回荡，正当大家七嘴八舌纷纷议论的时候，一个高高瘦瘦的年轻人走了进来，他与平时见到的年纪大得可以做叔叔、阿姨的老师不同，他充满朝气。"应该是新来的老师吧？怪不得笑容满面，肯定是还不知道这班上我们的厉害！"孩子们不禁这样盘算。

简单的自我介绍作为开场白后，年轻的老师突然合上课本，脸色变得严肃起来："同学们，我之前已经听说你们惨不忍睹的历史成绩了。我知道你们的其他科目成绩很棒，这充分说明你们很聪明，只是缺少信心，缺少对老师的信心、对自己的信心。我不喜欢强迫学生背那些毫无意义的年代和人名，只是希望大家可以改变现状。如果对我有信心，就请积极配合我。我对各位同学非常有信心！你们呢？"

这突如其来的一段话，让同学们大吃一惊；讲台下一片沉默。雷恩老师继续说："不回答我，那就代表你们默认了。我的教学方式和其他老师不一样，我会先告诉你们我自己搜集整理过的知识，希望你们看过后，可以告诉我你们的想法。"说完，雷恩老师在黑板上写下一句话："瞎商周春秋，站在琴上，七洞汗衫，七洞见男背。"

同学们看的莫名其妙，雷恩老师说："给你们一分钟，把这句话记下来！"

同学们纷纷不知所措地看着彼此。虽然这个句子很奇怪，但毕竟不算长，所以大家不费吹灰之力便记住了。一分钟过后，雷恩老师擦掉了这句话，又写上了一句："睡躺无聊，背诵经文，难诵完，明天醒面肿。"仍然只给同学们一分钟时间背诵。

"下面我请一个同学来背诵一下刚才的两句话。"雷恩老师一边擦掉黑板上的字一边说。

"皮特，你来回答。"皮特是班上最淘气，最不用功学习的孩子，但这次，皮特竟然很轻松地就背出来了。

"很好。"雷恩老师说道，"能说说，你在看到这个句子时脑子里出现的是什么画面吗?"

皮特挠挠头,说道:"老师你这个句子太怪了!我的想法也很奇怪。我看到一个瞎了眼的商人,叫周春秋。他站在他家的琴上面,穿着一件破了七个洞的汗衫,我都看见他的背了!然后,他想睡觉,躺着很无聊,就开始背诵经文,但是经文很难,他念到第二天也没念完,突然不小心从琴上面摔下来把脸给摔肿了。"

雷恩老师对他竖起了大拇指:"皮特平时虽然调皮捣蛋,但是想象力非常丰富!"

皮特听到老师这样称赞他,脸不禁红了起来,要知道,这是他第一次在课堂上被老师夸奖。雷恩老师接着说:"同学们,你们记住了吗?"同学们都点点头。

"恭喜你们,你们已经顺利地把中国历史上所有的朝代都记住了!"同学们面面相觑,愣在那里,有几个看出门道的同学恍然大悟——"我说怎么这么眼熟,原来是朝代表啊!"

雷恩老师解释道:"'瞎商周春秋',即是对应夏朝、商朝、周朝、春秋时期;'站在琴上'即是战国时期和秦朝;'七洞汗衫'里的'七洞汗'就是西东汉,'衫'就是三国;'七洞见男背'里的'七洞见'就是西东晋,'男背'就是南北朝。"

雷恩老师还没说完,皮特就接着说道:"哦,我知道了雷恩老师,'睡躺无聊'里的'睡'就是隋朝,'躺'就是唐朝,还有'无'就应该是五代十国了,'聊'自然就是辽国了。"

安妮也站起来发言:"我也要说我也要说!'难诵完'是指南宋和元朝,'明天醒面肿'说的是明朝、清朝、中华民国还有中华人民共和国!"

"嗯。同学们说得非常好,思维也非常活跃。下面老师教给你们一些口诀表,你们可以在口诀的基础上再运用这样的方法去记忆,效果一定非常好,有没有信心?""有!"大家异口同声地喊道。

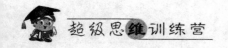

美术地理课

最近罗恩的地理成绩大幅度提高，不仅如此，罗恩整个班的地理成绩也有很大进步，这让隔壁班的莉莉非常好奇。

放学后，两个小伙伴莉莉和罗恩一起结伴回家。莉莉提起了心中的疑问。罗恩神秘地笑了笑，说："明天上午我们班有一节地理课，你来听课吧！"罗恩的话和表情让莉莉一头雾水，更加好奇。真不知道罗恩班的地理老师用什么特殊的方法授课，让同在一个学校，原本成绩平平的班级忽然异军突起，成绩遥遥领先。罗恩看着莉莉那充满疑惑的表情，故弄玄虚地对莉莉莞尔一笑，便转身回家去了。

第二天，莉莉如约来到罗恩班上，坐在恩旁边，等着老师上课。

老师一进门，就说："大家把地图册拿出来，再准备一张白纸，翻到欧洲地图，喜欢哪个国家，把它画下来。"

莉莉感到非常困惑；罗恩倒是习以为常，用手扯扯她，说："老师让你做什么你就做什么，一会儿你就知道啦！"

于是，莉莉开始认真地画起来。莉莉喜欢法国。罗恩凑过来说："不用画得和地图册上一样好，画个大致的轮廓就可以了，然后在旁边写上这个国家的谐音。唉，你画的是法国啊？那不是可以写上谐音'长发国'吗？哈哈。"莉莉点点头，还真在旁边认认真真的写上了"长发国"3个字。

这时候，老师又对大家说："把你所画的国家的邻国轮廓也画出来，不要忘记……""写上谐音！"还没等老师说完，同学们便异口同声地说出来，老师会心地笑了。

莉莉画上了法国周围的国家，东南角是意大利，莉莉就在旁边写上"一份大礼"，还在表示意大利的国土上画了个礼盒。然后再过来是瑞士，莉莉最喜欢吃瑞士糖了，于是就在旁边画了一个可爱的糖果。瑞士的北边是德国，莉莉又给德国的领土上画上了"奔驰"的标志，因为莉莉的爸爸最喜欢德国的奔驰车，耳濡目染的她怎能漏了这个特别的地方呢。

德国再转过来是比利时，莉莉想了想，在旁边画了一个奇怪的钟，是扭曲的，原来莉莉想的是"比利奇怪的钟"啊。比利时的南部是西班牙，一个盛行斗牛的国家！就这样，莉莉一一画完了法国周围的国家，并给它们取了谐音。

随后老师说："你们开始记吧！"莉莉一头雾水，画完了然后记什么呢？这时候罗恩凑过来，说："哟，莉莉，干得不错嘛！我瞧瞧！你可以这么记，一个长头发的人，他的左脚踩着一只西班牙斗牛，他的右脚踩着一份大礼，右手拿着一把瑞士糖，瑞士糖上有一辆德国奔驰车，奔驰车旁有一个大钟……"

罗恩还没说完，莉莉就抢过画纸说："我明白了！原来把谐音标在旁边是这个目的呀！"罗恩接着说："记完了还要检测哦！在空白的纸上把这些国家的轮廓画出来并写上名称，完全答对，你就算记住啦！"莉莉点点头："嗯，这一堂地理课学到得真不少，这下再也不用愁眉苦脸地对着那些地图而无从下手啦！"

星象学家与十二星座

有一个老奶奶，对星象研究特别感兴趣，平时她就喜欢用塔罗牌、水晶球给大家占卜。她最擅长的便是对星座运势的分析，而且预测非常准，大家都喜欢叫她星象学家，尤其是女孩子们特别喜欢钻到她的小房子里面去跟她聊天，并且询问有关学业、健康方面的事情。

有一天，小房子里来了一个小女孩。老奶奶仔细一看，原来是刚刚搬来的镇上的琳达。

"艾莎奶奶，我听小姐妹们说了，奶奶虽然年纪大了，但却仍然可以记住好多好多不同星座每天的运程，还可以记住每张塔罗牌占卜出来的运势。可是我连十二个星座是什么都老是记不住，更不用说他们的排列顺序了！艾莎奶奶，我好笨，是不是！"

艾莎奶奶微笑的看着琳达："没有哪个孩子是笨孩子，可爱的琳达。艾莎奶奶可是有记忆的秘密法宝哦！保证一定让你一分钟就记住它们，要不要试试？"琳达听了她的话，就像迷失在沙漠里却突然望见了绿洲的旅行者，两眼露出了渴望的目光。她开心地说："太好了，艾莎奶奶您真是个好人！"

艾莎奶奶拿出一张纸，上面画着12星座的图画，下面还标上了对应的名称。分别写着：水瓶座、双鱼座、白羊座、金牛座、双子座、巨蟹座、狮子座、处女座、天秤座、天蝎座、射手座、魔羯座。

"琳达，艾莎奶奶给你讲一个小故事：有一天，一个水晶做的漂亮水瓶（水瓶座）里游出了两条很可爱的小金鱼（双鱼座），它们游啊游，撞上了一只白羊的肚子（白羊座），白羊很生气，啊呜一口把两条小金鱼吞到肚子里去了！这时，来了一头很大很重的金牛（金牛座），它对白羊吃掉了它的好朋友小金鱼感到非常气愤，抬起脚一下子就把山羊给踩扁了，两条小金鱼就从白羊的嘴里被挤得吐了出来，变成了两个可爱的小孩子（双子座），它们还长着天使般的翅膀。接着，一只巨大的蟹子（巨蟹座）用它那两个标志性的大钳子狠狠地夹住了两个孩子的翅膀，吓得他们大哭起来。说时迟那时快，突然来了一只狮子（狮子座），狮子张开了它的血盆大口，把巨蟹撕成了几半。狮子身上还坐着一个美丽的少女（处女座），少女的手上拿着一个天秤（天秤座），天秤上突然出现了一只蝎子（天蝎座），蝎子挥着有毒的尾巴想要去蛰少女。就在此时，天空突现了一个射手（射手座），只见他坐在一只山羊（山羊座，即魔羯座）拉开了弓，一箭射去，就把这只蝎子射死了；

少女得救了!"

"故事讲完了,琳达,你把这个故事给奶奶讲一遍。"慈祥的艾莎奶奶看着琳达,琳达歪着脑袋,开始讲起这个不可思议的故事。奇怪的是,她居然能够记得很清楚!就像那个奇怪的故事正在眼前发生一样!

"艾莎奶奶!我记住十二星座了,而且真的只要花一分钟!"琳达开心地笑了,露出了两个大大的酒窝。

艾莎奶奶微笑着说:"怎么样,奶奶没有骗你吧,每个孩子在艾莎奶奶的心中都是聪明乖巧的好孩子。这个世界真是奇妙!只要你善于观察,能把生活中常见的东西在脑海里面夸张一点想象出来,就会收到意想不到的效果呢!"

"嗯。我记住了,艾莎奶奶,琳达有了艾莎奶奶的秘密武器,也能成为像奶奶一样出色的人啦!"琳达高兴地和艾莎奶奶挥手告别。

思维小故事

偷情的真相

加里是一个私家侦探,商业大亨汤姆怀疑自己的妻子有外遇,就雇用加里,让他找到妻子与情人约会的地方。加里接受委托后立即展开调查。

星期三,一大早加里就开始对汤姆的妻子进行全面监视。上午 8 点 10 分,汤姆先生出门去上班。9 点 30 分,汤姆太太去逛百货公司,又随处转了转就回家了。下午没有出门,只有几位女客人和邮递员来过,还有一位洗衣店的小弟,但他们稍作逗留就离开了,决不会是汤姆太太

的情人。晚上 8 点 40 分，汤姆先生从公司下班回家……

星期四，上午 8 点 10 分，汤姆先生上班。11 点整汤姆太太去买菜，40 分钟后回家。下午 3 点 30 分去邮局办事，途中买了一份晚报。晚上 7 点 30 分汤姆先生下班回家。

星期五，8 点 10 分汤姆先生上班了。下午 1 点钟，汤姆太太盛装出门，来到一家大饭店，她只是参加同学会。晚上 6 点 30 分她再度出门，是和汤姆先生一块儿去吃晚餐。

星期六，8 点 10 分，汤姆先生去上班。11 点，汤姆太太出门购物，12 点多回家。下午 4 点整又出去买日用品，6 点 10 分才回家。晚上 8 点整，汤姆先生回家。

星期天，汤姆先生去打高尔夫球，汤姆太太整理院子，洗衣做家务。

就这样调查了一个月，并没有发现汤姆太太有任何外遇。加里想这大概全是汤姆先生的疑心病在作怪。但事实上汤姆太太经常与情人在家中约会。

汤姆太太是怎么躲过侦探的监视呢？

参考答案

汤姆太太为她的情人配了一把钥匙。当她外出时，她的情人进入屋内。当她再度出门时，情人便趁机离开。尾随汤姆太太的加里自然不会发现汤姆太太情人的行踪。

王医生与人体穴位

周末，小西家里来了一位陌生的客人，是来治疗爸爸腰椎间盘突出症的针灸科王医生。

小西饶有兴趣地看着王医生给爸爸行针。

终于等到医生给爸爸扎完针了，小西迫不及待地问道："王叔叔，扎针的时候，你怎么知道穴位在什么地方呢？不会记混或是漏记吗？"

王医生听了，乐呵呵地说："小西是在担心叔叔把爸爸扎坏了吧？"

小西不好意思地笑了笑："除了这点担心，我很好奇您是怎么记住这些穴位的呢？我爸爸也买了很多针灸方面的书，书上那么多的穴位，名字也很奇怪，真的很难记。"

王医生对小西笑了笑，说道："以前叔叔在念书的时候，怎么也记不住这些乱七八糟的名字，最后我的老师教给我一个方法，可以一下子就记住这些复杂又难懂的名称，小西想不想知道啊？"

小西一听就来了精神，"哇，真有这么神奇的方法吗？"

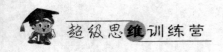

"当然有了！"王叔叔说道，"来，我给你11个穴位，看看你能记住几个。"

说完，王医生就在纸上写下了11个穴位，还排上了序号：

1. 百会；2. 太溪；3. 水泉；4. 照海；5. 复溜；6. 筑宾；7. 阴谷；8. 肓俞；9. 幽门；10. 阴都；11. 神封。

小西看了一下，开始满怀信心的背起来，可是背到第五个穴位，就发现自己已经完全记混了。小西尴尬地看着王医生。王医生笑了笑："小西，你已经做得很不错了，现在让叔叔来告诉你怎么记得快，这是个非常好的方法哦！"

王医生递给小西一张纸，上面写着：

1 百会 头顶

2 太溪 眼睛

3 水泉 鼻子

4 照海 嘴巴

5 复溜 耳朵

6 筑宾 脖子

7 阴谷 双手

8 肓俞 腹部

9 幽门 背部

10 阴都 大腿

11 神封 小腿

小西看着这张单子脸上露出疑惑的神情，王医生解释道："我的老师教给我们的这个方法，的确非常实用。我把它叫做定点联想法。第一个点，在你的头顶，利用这个点我们来记忆百会穴，你就想象脑袋顶上一百多条泉水都往一起聚汇，多壮观啊！

"然后是第二个点，眼睛和太溪，你可以想象你面前一幅画，画上有一条河，你是一个绝世高人，有特异功能，那条河被你看了一眼就变成真的大溪了！还有溪水溅出来，好厉害，变成'太溪'了！"

"哈哈，大溪变太溪！"小西也忍不住笑了，"还有呢？"

"王医生继续说道："第三个是鼻子和水泉，你就想象你感冒的时候鼻子哗啦啦流出了好多水，鼻子跟个泉眼似的止都止不住。

"第四个是嘴巴和照海，嘴巴跟海怎么联系呢？你就可以想象，你的嘴巴是一片汪洋大海，小舌变成了一轮鲜艳的太阳照着'大海'。

"第五个是耳朵和复溜，你的耳朵很大，跟招风耳一样，里面放着一台复印机，一张复写纸不想被用就偷偷从耳朵里逃出来溜走了。

"第六个是脖子和筑宾，脖子上筑造了一个很大很气派的宾馆！就在你脖子上！

"第七个点是双手，穴位是阴谷，你就想你正晒着谷子呢，突然天就阴了！要下雨，怎么办，于是你赶紧用手捧起一把把的谷子，一捧有100斤！多大的手啊！

"第八个是肚子和肓俞。肓俞跟荒书谐音，你躺在荒凉的大沙漠上，肚子露在外面盖着一本书来取暖。

"第九个点是后背，要记的是幽门。想象你的后背开了一扇幽门！黑洞洞的深不见底。

"第十个点是大腿，要记的是阴都。阴都谐音'印度'，你长着两条印度人的大腿！

"第十一个是小腿和神封，怎么记呢？有一次你捡到一双红舞鞋，穿上之后就一直跳舞，无论如何也停不下来，踢翻了酒杯、桌子。这时候来了一个神仙，手指一点，你的小腿就被封住了，终于安静下来了！"

"我讲完了！怎么样？是不是很好记啊？"王医生看着小西；小西使劲点了点头："每个画面都特别生动，每个点对应的穴位也都一下子就记住了，你看，头，泉水涌出来，所以是百会。眼睛，溪流，所以是太溪；鼻子，哇，流水不止，是水泉。

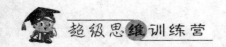

"哈哈，然后是嘴巴，是海，还有太阳，所以是照海；耳朵，复写纸溜走啦！所以是复溜；脖子上的宾馆，是筑宾哟，呵呵。

"然后就是双手捧谷子遇到了雨天，就是阴谷啦！第八个是荒凉的沙漠里肚子上盖的书，叫肓俞；背部上的门，是幽门！还有印度人的大腿——阴都；最后就是被神仙封住的小腿啦——神封。王叔叔，我记得怎么样？"

小西高兴地望着王医生。"小西真是个聪明的孩子，这个方法不只是可以用来记忆穴位，只要是需要记忆的东西都可以用这个方法哦。"

"嗯，记住了，谢谢王叔叔。"小西露出了甜甜的微笑。

思维小故事

画师的智慧

何老爷是个要面子又喜欢经常出风头的财阀。他很有钱，却是个吝啬鬼。有一年他过生日的时候，听到有人给他推荐了一位本城非常有名的画师。他想让画师给他画幅肖像，然后在自己的生日喜宴上炫耀一番。

画师画完以后，何老爷一看，果然画得不错。但是，他觉得画师画这幅画像要的价钱太高了。于是，他想尽办法和画师砍价，将价钱压得很低。画师跟他说了半天，何老爷还是一分钱不愿意往上加，画师最终拿着这个画像走了。但第二天何老爷却主动找到画师，并且出了很高的价钱把画买了下来。画师到底用了什么样的方法，让何老爷高价买了自己的画呢？

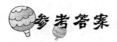

　　画师很聪明。他知道何老爷要面子，又喜欢出风头，于是就在他的画像上加了一枚枷锁，还写了大大的一个贼字，并放出话去，愿意将这幅画摆出来拍卖。何老爷听到这个消息以后，自然很生气，但是也没办法，只能出高价将这幅画买了下来。

让你拥有魔法的记忆

《春》展现在眼前

许多散文家的优秀写景散文都有一个共同点，那就是都仿佛把我们带进了一处处生动的美景之中。唐代诗人王维就善于融景于诗，融诗于画，有人就称赞："观摩诘画，画中有诗；吟摩诘诗，诗中有画。"可见，王维这种将文学与绘画相结合而创作出的作品是为世人所认同的，是非常值得我们去学习的。

实践经验告诉我们，把文字转换成图画，能够帮助我们加深对文字的理解和记忆，描述一幅图画上的景物，会比记忆一段美文要简单得多。例如朱自清的《春》，那是一篇借景抒情的散文。文章以盼春——画春——赞春为线索，分别为我们描绘了春草图、春花图、春风图、春雨图、迎春图这5幅春的"肖像画"。所以在记忆这篇文章的时候我们就可以将绘画渗透其中。

首先，要做的是反复诵读课文，理解课文的大意，掌握文章的中心思想。然后试着从这5幅图里面挑出你最欣赏的一幅画，并且仔细思考怎样用图画表现出来，做这个的时候你可以与周围的同学一起讨论，然后与他们比赛，看看谁画得最符合文义。

春草、春花、春风、春雨等都是为我们所熟知的，而文学作品之所以被称之为文学，正因为它们的一个共同特点，那就是"陌生化"。作者将他所见所闻所感之景在经过自己的概念化处理之后，转化为唯美的文字，这就拉远了我们与作者思维之间的距离。比如说一本好书，你如果不打开书去细细地品读，那么这本好书即便再经典，也不会让你在脑海中对它的内容产生出相应的意象。众所周知，我们的大脑在"面对"图画类型的东西和概念性的东西时，所做出的反应以及理解是不同的，前者较后者快得多。

事实证明，同样的事物，经过多次记忆，就会留下印象，即使不能全部记住，但是在脑海中还是会有一个位置存储着这片信息。经过反复练习后，你的瞬间记忆能力会得到很大的提升，对刚刚接触的事物的第一印象也会越来越清晰。我们的每一个训练都不是针对某一篇文章或某一个方法而言的，我们的目标是提升整个大脑的记忆能力，让你拥有一颗可以高速高效运转的大脑！

巧记《孙子兵法》

《孙子兵法》是中国古典军事文化遗产中的璀璨瑰宝，是古代法学和阴阳学的重要典籍。作者正是春秋末年的齐国人孙武。下面我们来教大家运用故事记忆法来熟练记忆《孙子兵法》里面的 13 篇。

一、计篇

二、作战篇

三、谋攻篇

四、形篇

五、势篇

六、虚实篇

七、军争篇

八、九变篇

九、行军篇

十、地形篇

十一、九地篇

十二、火攻篇

十三、用间篇

同样，我们首先提炼出关键字，加上前面的排序，我们排出关键字

的顺序：

一计、二战、三攻、四形、五势、六实、七军、八九、九行、十地、十一九、十二火、十三间。

我们利用故事记忆法，将这些关键字编写成一段有趣而生动的故事：

一只（一计）美丽的山鸡去参加动物界的第二次世界大战（二战），刚刚拿起武器就被敌军的三只公鸡（三攻）抓住。作为战俘不幸的山鸡被判处了死刑（四形）。就在千钧一发之际，竟然被敌军几个善良的护士（五势）在一堆牛屎（六实）的掩护下救走了。

护士们犯下了欺君（七军）之罪，自知难逃重罚，国王开恩，罚她们喝下很多白酒（八九）。她们酒醒（九行）之后，带着母鸡一起逃了出来，路上竟然遇到了她们的死敌（十地）——三只公鸡。

那三只公鸡竟然在用火围攻一群婴儿（十二火），于是母鸡和护士马上拨打 119 火警（十一九）电话，与消防员一起将火扑灭了。她们把受伤的婴儿送到了医院，医生用剪刀（十三间）为这些婴儿做手术，最后将婴儿从死神手中抢了回来。

挽救了众多小生命的山鸡和护士荣获了和平勋章！

思维小故事

蹊跷的溺水

某星期天早晨，郊外的湖水面上漂浮着一具垂钓者的尸体。看上去此人像是乘小船垂钓时，船翻溺水而死的，死亡时间是星期六下午 5 点钟左右。起初这起死亡事件被认为是单纯的意外事件，但经警方调查后认定是谋杀案，而凶手竟是死者的朋友，因为他欠死者一大笔债。

可是犯罪嫌疑人有不在现场的证明，星期六他租用另一条船与被害人一起钓鱼，下午3点钟左右与被害人分手，一个人乘坐G车站3点40分发的电车回到K市自己的家里。列车到达K市车站是6点30分。这其间案犯一直坐在列车上，并有列车员确切的证词。

然而，当警方了解到此人在某大学的附属医院任药剂师时，便揭穿了他巧妙的作案手段。

那么，犯罪嫌疑人是用了什么手段使被害人溺水而死的呢？

参考答案

是使用了麻醉药。与被害人一起钓鱼的犯罪嫌疑人，在下午3点钟

让你拥有魔法的记忆

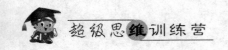

离开时用麻醉药使被害人睡着，然后离去。不久，被害人从昏睡中醒来想爬起来时，因身体摇晃站不稳，致使小船翻船落水溺死，时间正是下午5点钟左右，而此时犯罪嫌疑人已在开往K市的电车上了。

活跃起来的诗词

有很多人一遇到诗词就犯难，觉得它抽象难记。如果你选用图像记忆法背诗，效果就会截然不同了。下面以徐志摩的《再别康桥》为例：

第一步，浏览全诗，找出有"眼缘"的关键词，用这些关键词充当线索，见到这些词就会联想到诗词的大概内容。

第二步，进一步加深对关键词的印象，做到在看到关键词时就可以想起整句诗。

第三步，将所有的关键词"串"在一起，运用图像记忆法连接彼此。

再别康桥

徐志摩

轻轻的我走了，正如我轻轻的来；

我轻轻的招手，作别西天的云彩。

那河畔的金柳，是夕阳中的新娘；

波光的艳影，在我心头荡漾。

软泥上的青荇，油油的在水底招摇；

在康桥的柔波里，我甘心作一条水草。

那榆荫下的一潭，不是清泉，是天上虹；

揉碎在浮藻间，沉淀彩虹似的梦。

寻梦，撑一支长篙，向青草更青处漫溯；

满载一船星辉，在星辉斑斓里放歌。

但我不能放歌，悄悄是别离的笙箫；

夏虫也为我沉默，沉默是今晚的康桥。

悄悄的我走了，正如我悄悄的来；

我挥一挥衣袖，不带走一片云彩。

对整首诗已经有了了解，现在挑出关键词。

由于每个人对诗的理解不同，所以每个人挑出来的关键词也会不同，只要看到你所选的关键词，能够想起整句就达到目的了。接下来你就根据自己的记忆重点，挑选出一系列的关键词，试试能不能做到看见关键词就记起整句诗歌。

关键词举例：

轻轻招手云彩金柳新娘艳影心头青荇水底柔波水草 一潭清泉虹浮藻彩虹长篙青草星辉放歌笙箫夏虫康桥悄悄衣袖云彩

请将下面的关键词熟记，并在脑海里对这些词进行实物联想，组成一个动态的画面来帮助理解和记忆：

一颗轻轻的蒲公英种子，刚刚脱离母体，飞向了自由的天空。途中碰见一个人，正站在七色的云彩上向它招手。那个人依着一棵金色的柳树，一位满脸洋溢着幸福的新娘走了过来，靠在金色柳树的另一边。此时华灯初上，新娘摇身一变，成为一个正在热舞的女子，在昏暗的灯光下，她的艳影撩人心弦。

影子婀娜地摇动着，拨开月光，原来她在一个心形的舞台上舞动。舞台边上长着一棵棵小小的荇菜。挑选一棵荇菜拔了出来，放到水底清洗。水面上柔柔的波浪拍打着往前走，打到了水草，随后水草随着波浪摇来摇去。

看看远方，池子里生长着绿油油的水草，潭池子旁边是汩汩清泉。清澈的泉水面上映衬着一条美丽的彩虹。随着清泉的流动，水面映着的彩虹也荡漾着，一些浮藻也"游"过来凑热闹，盖住了虹的影子，但是很快，浮藻随着流水漂走了，美丽的虹又出现了。

这时，一个少女撑着竹篙，在湖面上划过，少女的头上竟然戴着青草的编织物作为装饰物。她抬头向上望，漫天斑斓的星辉，让她情不自禁地唱起歌来。这时她仿佛听到了有人在用笙箫为她伴奏。忽然，一只蟋蟀的出现打破了原有的寂静与浪漫，这只蟋蟀在不远的桥上跳啊叫啊，少女将船划过那座桥，挥了挥衣袖，想把蟋蟀赶走。没想到受到惊吓的蟋蟀一跃跳上天，变成了一朵七彩的云彩。

试着将这个小故事多次温习，脑海中就自然产生生动的影像，然后慢慢将它连成一幅动画。如果你觉得这个故事有点长，那就用利玛窦的"房间法"，把它分段来记。每个人的记忆曲线都是不同的，选择一个适合自己的记忆方法，才能达到事半功倍的效果。

思维小故事

城堡里的人

哈尔先生是一位大富翁。他有一座城堡。他没有亲人，朋友也不多，并且脾气有点儿暴躁。虽然家产丰厚，但不久前他得了中风，落下了半身不遂。然而这位富翁却有着顽强的意志，他看起来仍然还可以活上 20 年。

但是，不幸却再次发生了。他被勒死在客厅里，死亡时间是下午 2 点钟左右。因为这时很多人在睡午觉，所以邻近房间里的用人都没有听到任何声音，而且前来办案的警察也没有找到作案工具。

这个城堡里住着很多人，分别是哈尔先生的司机、保镖、秘书、厨师、用人、马夫、园丁。案发当天来拜访哈尔先生的人有他的律师、医生和一位生意伙伴，每个人和哈尔都没有仇。

　　哈尔先生早在遇害前就立下了遗嘱，将他的财产分给所有为他工作的人。每个人都从哈尔的死亡中获益了，因此更难找寻凶手。

　　究竟是谁杀了哈尔呢？

让你拥有魔法的记忆

参考答案

　　凶手是马夫。因为哈尔半身不遂后就不能骑马了；马夫因丢掉工作得不到遗产就杀害了哈尔。

第四章　记忆的魔法

你也可以记住圆周率

记忆比赛中最常见的比赛项目便是数字记忆和扑克记忆。这两种记忆法对于训练我们的记忆力，有着显著的作用。

当我们将数字记忆和扑克记忆训练好，就可以提高快速记忆的两项基本能力：联想能力和编码能力。有了这两种能力作为基础，想要将各种记忆技巧娴熟地运用，就再也不是什么难事了；瞬间记忆大部分资料，也会是轻而易举的事情。

数字练习主要是训练如何用最短的时间记住尽可能多的无规律数字。参加记忆比赛的选手，为了达到在最短时间内记住最多的数字的目的，一般都会采用定桩法。所谓定桩法，就是选用地点桩来进行记忆。

一般情况下，刚刚开始进行记忆数字练习的人，都会从记忆圆周率小数点后的数字开始。而且，为了进一步加强串联联想能力，我们会选用串联联想法来进行记忆。

因材施教。对于初学者，要求其先记住圆周率小数点后的 100 位。当其熟悉并接受了这种记忆方法之后，用串联联想法去记忆圆周率的后500 位，甚至 1000 位。下面介绍用串联联想法记忆圆周率应用的实例，只要用心跟着示范来进行想象练习，不超过半个小时就可以像记住七言绝句一样记住这 100 个数字了。

圆周率小数点后 100 位

14	15	92	65	35	89	79	32	38	46
26	43	38	32	79	50	28	84	19	71
69	39	93	75	10	58	20	97	49	44
59	23	07	81	64	06	28	62	08	99
86	28	03	48	25	34	21	17	06	79

记忆方法：

在开始练习之前，需要先熟悉这 100 个数字编码，回忆一下每组数字所对应的编码以及所对应的意向。

然后，跟着我们生动地描述进行"跟踪式"的想象：

一只鹦鹉碰见一把彩色的钥匙，刚刚走进它，就被钥匙在身上狠狠的一拧，聪明的鹦鹉把脚下的球儿（皮球）用力踢了出去。球儿顺着弧线像箭一般的飞着，意外地击中了一个巨大的锣鼓。锣鼓顺势倒下，掉在白色的珊瑚堆里，珊瑚顿时被压成了绿色的芭蕉。一阵风袭来，芭蕉叶一扇，不远处的气球被扇到天上。这时，天上飞过一只白色仙鹤，它用尖尖的嘴巴一啄，气球就被炸得四分五裂了。

仙鹤飞到一个黑色的沙发上，悠然自得地跷着二郎腿享受着沙发的柔软，同时掏出一个红彤彤的苹果美滋滋地吃起来。

仙鹤不小心把一个苹果掉到了湍急的河流里，河流的水很快就漫上岸来，渐渐的雪山被淹没了，雪山顶上的沙发被水冲的浮了起来，沙发上的仙鹤迅速地飞到一个大气球上，这时，大气球却被一个巨大的五环卡住了。原来这个五环的下面被一朵荷花捆住了。这时，一辆巴士掉进了池塘。巴士被打捞上来之后，里面竟然游出了许多泥鳅，突然，池塘里又窜出一只巨大的蜥蜴，这些泥鳅都成为了它的午餐。

蜥蜴的脚竟然变成了奇怪的鹿角，鹿角上还长着绿色的香蕉。这些

香蕉纷纷跳到救生圈上，逃之夭夭。没走多远，救生圈就被另一只巨大的蜥蜴钩住了，蜥蜴挥出全垒打，一下子救生圈就被打到一片苦瓜地里，这些苦瓜都吊在有着耳环一样形状的枝条上。这些枝条还有另一个作用：可以拿到酒席上来吃。小冰糕是酒席的主菜，冰糕上还有一只狮子在表演杂耍。

狮子表演着，随手拿起一个尖尖的五角星，像扔飞镖一样抛出，恰好刺中了一个和尚的胳膊上，受了伤的和尚，只好边捂着胳膊边走。和尚踩死了一群蚂蚁，旁边的老鼠见此情景，吓得惊慌失措，急忙跑到荷花下面躲起来。荷花上坐着一头驴，手中它拿着一个宝葫芦，晃晃了，竟然从里面倒出了胶卷。

胶卷的包装上印着菠萝的图案，那个菠萝上面长着一朵长着两只耳朵的荷花，从荷花的耳朵里又喷出许多雪花来。雪花飘落在二胡上，二胡奏出了美妙的音乐，美妙的音乐吸引来了一个绅士，他坐在一只鳄鱼身上，鳄鱼手中拿着一串荔枝，美滋滋地吃着。又红又圆的荔枝盛放在一个巨大的勺子里，而勺子被几个氢气球悬吊在半空中。

通过对这一幅幅连贯画面的生动描述，相信大家很快就能够记住这100位数字了。当你熟练的掌握这种方法之后，就可以做一些挑战了，尝试去记圆周率小数点后200位，500位，甚至更多。

在这里还有一个有关记忆圆周率的小故事：

从前有个私塾先生嗜酒如命。一天他给学生们布置了一个作业，要所有人把圆周率背到小数点后30位，而且只能利用在校的这段时间背，放学前就要考试。记不住的就要被留校。说完，私塾先生就喝酒去了。

3.14159265358979323846264338327 9，所有学生都死死地盯着这一串长长的数字，拼命地将这些数字塞进脑子里。顽皮的小明和几个同学抄好数字，溜出教室，偷跑到后山去玩了。

忽然，小明发现远处的凉亭里有两个人，定睛一看原来是师父和一个光头和尚在饮酒作乐。怕被老师发现，小明就扮着鬼脸，钻进了林子。天已经有了一些暮色，酒足饭饱的老师回到学校，开始考学生背圆周率的后 30 位数字。那些在课堂上死记硬背的学生竟然背的结结巴巴、张冠李戴，而跑出去玩了一下午的小明却背得清脆圆顺，这着实让老师和同学目瞪口呆！

并不是小明有过目不忘的本事，而是当天下午，小明在林子里玩耍时，把要背诵的圆周率按照数字谐音编成了一首打油诗："山巅一寺一壶酒，尔乐苦煞吾，把酒吃，酒杀尔，杀不死，溜尔溜死，扇扇刮，扇耳吃酒。"配合着打油诗，小明还将喝酒、摔死、溜弯、扇耳光等词加以动作展示，这让他记忆得更快。仅仅重复了几遍，就把它们全记住了。

不妨试试这种记忆方法，用谐音法去记忆数字，它也会帮你在短时间内记忆复杂而没有规律的数字。

思维小故事

无人做证

这是一个没有月亮的夜晚，窗外黑得伸手不见五指。在博物馆的一间办公室里，财务管理员马可颤抖着拉住警官菲利普说："你不知道我有多害怕。今天下班后，我留在这里加班清算账目，突然看见右边地面有个影子。窗子是开着的……"

"你没听见什么响声吗？"菲利普问道。

"绝对没有。当时收音机里正在播放音乐，我非常专注地工作着。随着人影晃动，我看见有个人从屋里跳出了窗外。我赶紧打开了室内所

有的灯，在这之前，我只开着一盏灯。喏，就是办公桌右角上的那盏灯。我发现少了两个装着珍贵古钱币展品的保险箱，这两个箱子是今天下午展览会结束后送到这里来清点的，要知道这些古钱币可是稀有珍品。这可怎么好呢？"

"你是几点钟到这里来的？"菲利普问道。

"快9点钟了。"马可回答说。

"你以为我会轻信你的谎言吗？"菲利普愤怒地反问道，"不要再进行这种骗人的表演了！"

警官菲利普怎么发现马可是在蒙骗他呢？

当时屋里只有办公桌右角的台灯亮着，而窗外漆黑一片，没有月光。坐在办公桌前不可能先看到右边地上有个人影，然后才发现有个人跳出了窗外。以此推断管理员马可在说谎。

倒背一本书的"差生"

小王目前就读于本市的重点中学，是一个品学兼优的好学生。可是你能想象吗？直到小王读到小学六年级，他都一直是班上成绩最差的孩子！

那时候他对学习没有任何兴趣，因为无论怎样努力，都无法赶上其他的同学，别人花一个小时就能做好的题目他花 3 个小时也不一定能做出来。

然而，仅仅过了一年，一切就发生了翻天覆地的变化。

初中第一学期的语文课上，老师教授《道德经》的前三章，并要求背诵。对于这样的作业，同学们都叫苦连天，老子的《道德经》原本就深奥难懂，朗读都很拗口，更不用说背诵下来了！就在大家愁眉苦脸摇头晃脑背书时，小王却很快就背下来了。

原来，他早就已经把整篇《道德经》都背下来了，更不用说前三章了！大家看到小王的表现都特别惊奇，纷纷问他是怎么做到的。

小王不好意思的笑笑说："其实很简单，我之前学过一个记忆的方法，叫地点法。你们看，我把这三章排一下顺序，这样方便寻找地点。"

原本这样排列的：

第一章道，可道，非恒道。名，可名，非恒名。无名，天地之始；有名，万物之母。故常无欲，以观其妙；常有欲，以观其徼。此两者同出而异名，同谓之玄。玄之又玄，众妙之门。

第二章天下皆知美之为美，斯恶已；皆知善之为善，斯不善已。故有无相生，难易相成，长短相形，高下相倾，音声相和，前后相随，恒也。是以圣人处无为之事，行不言之教，万物作而弗始，生而弗有，为而弗恃，功成而弗居。夫唯弗居，是以不去。

第三章不尚贤，使民不争；不贵难得之货，使民不为盗；不见可欲，使民心不乱。

是以圣人之治，虚其心，实其腹；弱其志，强其骨。常使民无知无欲。使夫智者不敢为也，为无为，则无不治。

按章节可以这样排列：

第一章1. 道，可道，非恒道。

2. 名，可名，非恒名。

3. 无名，天地之始；

4. 有名，万物之母。

5. 故常无欲，以观其妙；

6. 常有欲，以观其徼。

7. 此两者同出而异名，同谓之玄。

8. 玄之又玄，众妙之门。

第二章1. 天下皆知美之为美，斯恶已；

2. 皆知善之为善，斯不善已。

3. 有无相生，难易相成，长短相形，高下相倾，音声相和，

4. 前后相随，恒也。

5. 是以圣人处无为之事，行不言之教，

6. 万物作而弗始，生而弗有，

7. 为而弗恃，功成而弗居。

8. 夫唯弗居，是以不去。

第三章1. 不尚贤，使民不争；

2. 不贵难得之货，使民不为盗；

3. 不见可欲，使民心不乱。

4. 是以圣人之治，虚其心，实其腹；

5. 弱其志，强其骨。

6. 常使民无知无欲。

7. 使夫智者不敢为也。

8. 为无为，则无不治。

"这样就分成了24句，我使用的地点是我家的厨房。"小王不好意思地抓抓头，"第一个地点我想到了我家厨房里的煤气罐，第一句标号1也是第一章，都代表一棵树，而且第一句的内容关键字是'道'，所以我想象的是'道'路上的大树长在了我家的煤气罐上。然后是第二句，第二句是关键词'名'，我把它和我家的小鸭冰箱联系起来，就成了'鸭子开着名牌车在路上行驶，不小心撞到了一棵大树'这样也能接在'道可道'的后面，不会因为顺序打乱而记混。后面的几句也按数字3~9来编排画面。第二章也是这样，把所有的句子都与'鸭子'这个意象联系起来，比如第5句，就可以想象'一只钩子钩住了鸭子'后面的句子也是依次加以赋予意象。"

　　小王的记忆方法让大家很感兴趣，这么难的文章用身边熟悉的事物赋予地点来记忆？十分有趣！小张问道："是不是不管什么都可以用地点来做啊？"

　　小王点点头："是的，最好的选择当然是你自己最熟悉、印象最深刻的事物。这是我的方法。你们也可以根据自己的实际情况加以改进，变成适合你们的学习方法。每个人的记忆特点都是不一样的。如果都使用一样的记忆模式，是不科学的，也就是死记硬背。现在我告诉你们这个方法，希望你们都能够跟我一样轻松地记忆。这种方法的优点是记得

牢而且清楚，运用得好倒背都不是问题！谢谢大家！"

听完小王的介绍，教室里响起了热烈的掌声。

王老师的秘诀

有一个学生学习十分不用功，每次考试都是零分，大家因此给了取了个可爱的外号"鸡蛋"。

只要一提起"鸡蛋"，每个老师都摇头，认为他是"朽木不可雕也"。可是善良的王老师不愿意放弃他，并教给"鸡蛋"一种记忆方法。王老师把15个毫不相干的词写给"鸡蛋"，让他看完一遍后试着背下来。

旗帜 导弹 晾衣竿 乌鸦 望远镜 岳阳楼 黄狗 呼啦圈 湘江 鲨鱼 蝙蝠侠 降落伞 广场 专家

"鸡蛋"既惊讶又无奈，没有办法只得按照王老师的意见试着做一下，结果一遍之后"鸡蛋"只记住了"旗帜、导弹、专家"几个词，中间的全忘光了。

"鸡蛋"惭愧地低下了头，说："对不起，王老师，我太笨了。"王老师笑着对他说："没关系，记忆是有方法的，死记硬背肯定是不行的。我就是要让你用你自己的方法记一次，然后再教给你一种全新的方法。你自己比较一下，看看是不是我这个方法要好得多呢？"

随后，王老师开始耐心地为"鸡蛋"讲解起来。不一会儿，刚才还愁眉苦脸的"鸡蛋"就展开了笑脸，15个词汇他不仅能按着顺序记下来，并且倒背如流！你知道王老师用了一种什么方法教会"鸡蛋"的吗？

下面让我们一起来看一下王老师的"快乐联想记忆法"。

"首先，我们需要在自己的脑子里想象出一幅'旗帜'的图像，尽可能地把它想象得十分夸张。你可以想象这面旗帜红得像鲜血一样，而且面积有天那么大，然后，当一枚火箭飞上天的时候，一下子被红旗阻挡住了，被悬在半空中。这个时候我们可以想象火箭在飞上天的时候，发出的巨大的轰鸣声和冒出的滚滚黑烟，像只张牙舞爪的妖怪。

"然后想象导弹被射出去，它的屁股后头系着一根晾衣竿。晾衣竿上飞下来一只黑色的乌鸦。它从翅膀底下拿出一个超大的哈勃望远镜，对着望远镜一下子就看见了岳阳楼，看岳阳楼的亭子里有一群黄狗在转呼啦圈，转着转着一只黄狗把自己的呼啦圈转到了洞庭湖里。就这样，呼啦圈顺着长江水一直漂啊漂啊，直到被一只鲨鱼吞了下去。呼啦圈在鲨鱼的肚子里突然变身成了一个蝙蝠侠，他冲破鲨鱼的肚皮飞上了天。然后蝙蝠侠顺势降落，这时候他背上的降落伞噌地一下就打开了。最后刚好落在一个大广场上，广场上全是航空专家。"

经过王老师一番详细而形象的解释，"鸡蛋"同学的脑海里已经完整地勾画出一幅栩栩如生的画面。这下，"鸡蛋"同学成功地记住了之前的全部 15 个词汇。

后来，经过一段时间的训练，"鸡蛋"发生了很大的转变，记忆力有了飞速提高，完全不可同日而语。期末考试结果出来后，就再也没人叫他"鸡蛋"了。因为他的各科成绩都在 80 分以上！

王老师的记忆方法给了"鸡蛋"一个不一样的未来，并改变了他的一生！

班长的耳朵是"大胃王"

身兼英语课代表之职的班长，学习英语有一套自己的独特方法。大家都很羡慕他每次"居高不下"的英语成绩。

学期过半，期中考试如约而至。毋庸置疑，班长的英语又考了第一名。这一次，老师让各个科目的第一名汇报自己的经验和学习方法，方便大家交流，帮助大家共同进步。

轮到班长发言时，他说："与之前的同学的方法不同，我要向大家介绍一种新的独特的学习方法。也许你会觉得不可思议，但是经过我的实践经验验证，它确实是非常有效的，所以今天我鼓起勇气向大家推荐它。"

同学都被班长幽默的开场白逗笑了。班长正经八百道："其实我的方法很简单，就是把英语往耳朵里塞，不去关心什么语法、结构、句子成分，只是大量地背诵文章。我现在每天都要背诵 5 ~ 6 篇文章，从初中到现在，你们知道我已经背诵了多少篇课文了吗？还有，最重要的是要把每个词、每句话的读音灌进耳朵里。也许很多词都是不知其意，只是跟着模仿。听得多了，自然就会有语感了。"

"哇，班长，你的耳朵是大胃王啊！"台下有个同学打趣道。

"哈哈哈……"同学们都被这句话逗乐了；一直没有说话的老师在一旁也忍不住笑了。

"哈哈，就是啊，就得让自己的耳朵变成'大胃王'，不管来多少知识都不怕，都可以轻轻松松地装进我的脑子里去！其实啊，别看英语里有那么多的英语单词，真正能用到的也就那么 2000 多个。只要掌握了这 2000 个，在这个基础上加强阅读，攻克英语这个难题就不再困难了。

"而且这样培养出来的语感才是真正地道的英语，而不是我们平时说的中式英语，一旦习惯了中式英语的模式，我们就等于走上一条'英语荆棘路'，即使再努力，也会无功而返。而且，多听听原汁原味的地道英语，并且不断模仿外国人说话，对练习我们的口语也有特别大的帮助。"

班长的一席话让很多找不到学习英语方法的同学如梦初醒。他们通过一个阶段的努力，期末考试成绩都有了很大的突破！

纸会有多高

某艺人会玩很多游戏。有一次他拿出了一张厚为0.1毫米的很大的纸,将其对半撕开,重叠起来,然后再撕成两半叠起来。假如这个艺人将这个纸重复叠25次,那么这纸会有多厚?

让你拥有魔法的记忆

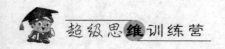

下面有 4 个选项，你能选出正确的吗？

A. 像一座山一样高

B. 像一个人一样高

C. 像一栋房子一样高？

D. 像一本书那么高？

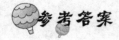

这叠纸的厚度将达到 3355. 4432 米，会有一座山那么高。

手拉手的单词

不要觉得我们课本单词表上的单词都杂乱无章，毫无规律可循，其实当你单词量积累到一定程度的时候，你就会轻松地找出它们之间的联系。就像我们中文造字有规律一样，英语单词也有它自己的成词规律。英语作为印欧语系的成员，在创立之初是非常简单的，只是后来于各种各样不同的语言杂糅之后才逐渐变得复杂起来。

我们学的美式英语更是如此。大家都知道，美国是一个年轻的移民国家，汇聚了来自世界各地的人们，所以美式英语的演变就更加复杂了。

为了帮助学生记忆单词，我们将英语单词的常见规律及其联想法总结了出来：

1. 替换字母法

（1） ovoid 卵形的，卵形体

avoid 避免

联想记忆：字母"o"就像一枚蛋（也就是卵形），以卵（oviod）

击石是傻事我们千万要避免（avoid）。

（2）　eclipse（日、月）蚀

ellipse 椭圆（形）

联想记忆：椭圆形（ellipse）的长棍子"l"挡住了宇宙天体，太阳月亮它缺了一块儿，变成了半块儿"c"，产生了日、月食（eclipse）。

（3）　friend 朋友

fiend 恶魔，魔鬼

联想记忆：字母"r"像是一朵花，有花儿（r）的是朋友（friend），无花儿的是恶魔（fiend）。

（4）　delay 推迟，延缓

relay 接替，转播

联想记忆：弟弟（de）累了（lay）了，活动推迟；阿姨（re）累了（lay）了找人接替。

（5）　brain 大脑

drain 排水

联想记忆：肚子向里是大脑（brain），肚子向外是排水（drain）。

（6）　bare 赤裸的，仅有的

fare 费用，车费

联想记忆：扒（b）了衣服变赤裸，飞（f）来飞去车费多。

（7）　left 左边

deft 灵巧的，熟练的

联想记忆：弟弟（de）的左手很灵巧，因为他是左撇子。

（8）　jelly 果子冻

jolly 欢乐的，快乐的

联想记忆：小朋友吃（e）了果冻（jelly），嘴巴塞得满满的（o），脸上露出快乐的和表情。

（9）　coin 硬币

让你拥有魔法的记忆

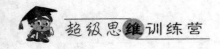

icon 偶像，方向

联想记忆：美国的硬币（coin）上的印着美国人的总统，那是他们的偶像（icon）。

（10）　ample 富足的，充足的

apple 苹果

联想记忆：一条虫子在苹果（apple）上开了一扇门（m），建造了一个具有充足（ample）食物的家。

（11）　martial 尚武的，军事的

marital 婚姻的

联想记忆：要踢（ti）的是军事，不要踢（ti）的是婚姻，家庭暴力是要受法律制裁的。

（12）　snake 蛇

sneak 鬼祟而行，偷窃

联想记忆：有尾巴（e）的是蛇，拿枪（k）的是偷窃。

（13）　gull 海鸥

hull 硬壳

联想记忆：会唱歌（g）的海鸥（gull）喝（h）水用硬壳（hull）。

2．加减字母法

平日我们熟悉的单词加上或者去掉一两个字母之后意义就完全不同了。我们可以根据这一特点将这些"形似"的单词串起来一举"消灭"。

（1）　heaven 天堂

haven 避难所

联想记忆：走出（e）了避难所（haven）就是天堂（heaven）。

（2）　horse 马

hoarse 嘶哑的，粗哑的

联想记忆：一匹瘦马（horse）大喊一声（a）变嘶哑（hoarse）。

（3）　care 关心，关怀

caress 爱抚，抚摩

联想记忆：抚摸（caress）你给你加倍（ss）的关心（care）。

（4）　bridge 桥

bride 新娘

联想记忆：不（b）骑马（ride）的新娘（bride）坐新郎哥哥（ge）的车过桥（bridege）。

（5）　supper 晚餐

scupper 伏击，使处于危难之中

联想记忆：遭遇了伏击（scupper），锅（c）没了吃不了晚餐（supper）了。

（6）　her 她，她的

herd 兽群、聚集

联想记忆：大学里各系系花（her）身后的众多追求者，经常出现美女与野兽（herd）的场景。

（7）　defy 违抗，藐视

deify 奉为神，崇拜

联想记忆：有我（i）时就崇拜（deify），无我（i）时就违抗（defy）。

（8）　earl 伯爵

pearl 珍珠

联想记忆：漂亮（p）的珍珠（pearl）挂在伯爵（earl）耳朵上。

（9）　race 比赛 grace 优雅 litter 垃圾 glitter 光彩 rope 绳子 grope 摸索

联想记忆：比赛（race）前的哥哥真优雅（grace）；垃圾（litter）前的哥哥放光辉（glittler）；雨前（rain）的哥哥捡谷粒（grain）；绳前（rope）的哥哥在摸索（grope）。

让你拥有魔法的记忆

3. 单词拆分法

（1） bride 新娘

联想记忆：b（不）+ ride（骑），不骑马的人，新娘。

（2） require 要求，请求，命令

联想记忆：re（表示重复）+ quire（询问），反复地问——要求。

（3） amenable 愿服从的，通情达理的

联想记忆：a + men + able 一个人（a）独自对抗一群人（men）时当然要以理服人，还要多多顺从（amenable），切记好汉不吃眼前亏。

（4） tenacity 坚忍不拔，固执或者执拗的

联想记忆：ten（十）+ a + city（城市），10 个人守卫一座城市，需要多么坚忍不拔的毅力！

（5） plead 辩护

联想记忆：p（谐音"扑"）+ lead（领导），扑在领导前为自己辩护（plead）。

（6） sway 摇摆

联想记忆：s（蛇）+ way（路），像蛇一样走路，摇摇摆摆（sway）。

（7） haunt 常去的地方

联想记忆：h（想成 home，家）+ aunt（阿姨），阿姨的家——常去的地方（haunt）。

（8） reticent 沉默不语

联想记忆：re（阿姨）+ ti（提）+ cent（美分，表示钱），谈钱伤感情，阿姨提到钱就沉默不语。

（9） tolerant 忍受

联想记忆：to（偷）+ le（了）+ r（花）+ ant（蚂蚁），我实在忍受不了偷了我家花儿的蚂蚁。

（10） spill 泼、溅

联想记忆：sp（专家）＋ill（生病），专家因为做实验的时候溅了药品在手上而生了病。

4. 单词手拉手

把含有该词根的几个易混淆的单词放在一起记就容易多了。

（1）　testy 暴躁的，性急的

detest 憎恶

protest 抗议，反对

contest 竞争，比赛

attest 证明，证实

联想记忆：考试（test）是令人上火（testy）的事情，总是引起他人的反感（detest），有些人甚至进行抗议（protest），但是，考试却是唯一一个能够进行公平的竞争（contest）、证明（attest）我们实力的方法。所以，考试又是必然存在的。

（2）　last 最后的，最近的，持续

clast 碎屑

blast 疾风，爆炸

elastic 有弹性的，灵活的

联想记忆：last 持续到最后；b（不）持续就爆炸（blast）；炸开了（c）成碎片（clast）；前面加（e）后面加（ic）才变灵活。

（3）　clash 撞击

crash 坠毁

smash 粉碎

ash 灰烬

abash 羞愧

cash 现金

联想记忆："9·11" 事件飞机撞击（clash）世贸大厦，飞机坠毁（crash），机身粉碎（smash），大厦也完全粉碎（ash），小布什觉得羞

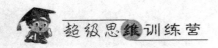

愧（abash）万分，于是砸钱（cash）重修大楼。

（4） lag 落后

flag 旗帜

flash 闪电

flame 火焰

flare 燃烧

flip 轻击

flight 飞翔

联想记忆：落后（lag）的闪电（flash），鞭打（lash）着火焰（flame），残废（lame）的旗帜（flag），已经燃烧（flare），嘴唇（lip）在飞翔（flight）的光（light）中轻击（flip）着心扉。

（5） fledging 小鸟

flake 雪花

flair 本能

flaunt 炫耀

flock 一群

flout 蔑视

flatter 拍马屁

flack 批评

联想记忆：在边缘（edge）飞翔的是小鸟（fledging），在湖中（lake）飞旋的是雪花（flake），在空中（air）飞翔是它们的本能（flair），姑姑（aunt）飞来炫耀（flaunt），锁（lock）在一起成了一群（flock），飞出去（out）却遭到蔑视（flout），后飞来的（latter）却学会了溜须拍马（flatter），缺乏（lack）踏实的品质，必须对它进行严厉的批评（flack）。

找一组单词共同的地方，比如下面的一组单词，"ull"是共同的词根：

gull 海鸥

hull 硬壳

lull 安静

mull 思考

bull 公牛

dull 蠢笨的、迟钝的、愚蠢的

cull 屠宰、采摘

联想记忆：海鸥在前面放声歌（g）唱，口渴便用硬壳喝（h）水，被拉住（l）的海鸥安静的不出声，飞到了山（m）后去思考，海鸥不（b）同意嫁给公牛，抖（d）了一下羽毛叫了一声白痴。

看了这种记忆单词的方法，你会不会已经对英语刮目相看了呢？掌握一种适合自己的学习方法，会让你花费最少的时间获得最大的收获！

单词美术课

著名的艾宾浩斯记忆曲线表明，记忆发生的那一刻遗忘就立刻发生了，而且遗忘的过程是复杂的。开始时，遗忘速度非常快，然后遗忘速度渐渐减慢，甚至随着时间的推移，记忆还会恢复。所以，当你背诵文章或者资料时，刚开始忘的快是正常的，你要明确这一点，不要觉得是自己记忆力有问题。

怎么样才能快速记忆并且长久地将这份记忆保存在脑海中呢？

我们都知道，印象深刻的事是不会忘记的，有韵律的诗词则会让人久久难以忘怀。散乱又没有意义的事物则非常容易遗忘。这就是我们在记单词时，经常是已经背下来，但是第二天就记不清了，需要反反复复多次回顾，才能把单词彻底的记住。要知道，单词字母排序是有一定规律的，如果你是死记硬背字母的排列顺序，大脑自然容易忘记。

单个记忆单词的方法主要包括谐音法、拼音法、关键字法 3 种。对于很多同学而言，记忆的时候多采用谐音法，举几个例子：

ponderous 沉重的，笨拙的。这个词，可以谐音成"胖得要死"。

champion 冠军。谐音"产品"——人们通常会拿自己悉心制作的精品出来比赛为的就是得到冠军。

loyal 忠诚的（发音，老友）。

royal 王室，皇族的（对皇室要忠贞不贰）

curse 诅咒。谐音"克死"——一个被诅咒的人会被弄死。

ambition 野心，雄心。谐音"俺必胜"。

colony 殖民地。读音"靠了你"——想想英国当初能发展的如此迅猛，通通是靠了对殖民地的掠夺。

小时候我们学习"Thank you"用的是"三克油"的谐音方法，老师说不能用这个方法，是因为那时正是学习音标的阶段，而现在学完了音标那种方法也就自然可用了。用中文背英文不失为一种捷径，要知道在一些国际性考试中，国人拿满分的最多，哪怕是英文考试。但是一定要记住，谐音法只适用于发音标准、有一定英语基础的同学，不然就会违背我们学习的初衷，影响自己的发音以及拼写水平。

拼音法与谐音法类似，但不同的是，谐音法是运用与汉字读音类似的汉字来表示，比如"三克油"，拼音法主要是运用单词组成中与拼音有相同字母的音节来找寻谐音。比如：

字母 wo，可以用拼音法编码为"我"；

字母 tu，可以用拼音法编码为"图"或者"吐"；

字母 mi，可以编码为"米"；

字母 men，可以编码为"门"；

字母 lan，可以编码为"蓝"或者"懒"。

这种方法十分灵活多变，因此对于训练发散思维以及想象能力效果十分明显。

关键字法是用一组类似的单词中含有的共同部分，并将这一共同部分赋予特别的含义，所以看到这一独特部分便可以由此猜测出其大概含义。

例如：

1. 前缀＋词根＋词缀＝单词

（1） pro/pre 表示向前

propose 目的 pro pose 求婚；建议

compose 创作 com 表示共同

depose 降职，免职 de pose 下放

repose 休息 re pose 反复放下

impose 强加于，征税（im—表示内心强调）

（2） ab/dis 相反的、离开

use 用——abuse 滥用

normal 正常的——abnormal 不正常的 cover 覆盖——discover 揭示

close 关闭——disclose 打开

2. 自创词根

（1） mental mortal vital digital total

这一组单词他们都有共同的词根 – tal 表示"头"意思。

mental 智慧，精神"men"表示人，人的头——有智慧"mental"

mortal 死亡"mor"谐音"没"，没了头——死亡"mortal"

vital 有生命"vi"在罗马字中表示"6"，有 6 个头，6 条命——有生命"vital"

digital 数码的"digi"谐音"低着"，低着头，上课的时候同学们总喜欢低着头玩手机——数码的"digital"

total 总数"to"与"two"同音，总共两个头——总数"total"

（2） plump Pledge Plasma Platitude

这一组有共同的词根 pl（漂亮）：

让你拥有魔法的记忆

plump 丰满的 pl（漂亮）＋ump（词根"突出"）→漂亮的突出——丰满；

pledge 誓言 pl（漂亮）＋edge（边缘）→在漂亮女孩面前，发誓一定会陪她走到最后。

plasma 血浆 pl（漂亮）＋as（如同）＋ma（妈）→漂亮如同妈妈。因为血浆里留着妈妈的基因，所以美丽是会遗传的。

platitude 老生常谈，陈词滥调 pl（漂亮）＋atitude（联想 attitude 态度，看法）→再漂亮的观点都可能是老生常谈的东西，因为很多文章都是新瓶装旧酒。

（3） Cargo 运输的货物

Carpet 地毯

Caricature 讽刺画，漫画

Vicar 牧师

共同词根－car（车）

Cargo 运输的货物"car"车"go"走，车的用途就是能拉，所以不要浪费。

Carpet 地毯"car"车里有地毯是为了给"pet"宠物活动的。

Caricature 讽刺画，漫画 汽车总动员，有车"car"，有人"i"，有猫"cat"，有阿姨"re"。

Vicar 牧师"vi"六辆"car"车，牧师就是有钱的和尚。

（4） denture dentist indent edentate dental

共同词根－den 牙

denture 一副假牙，一副牙齿"dent"牙＋ure（名词后缀）——假牙

dentist 牙科医生"dent"牙＋"ist"人——研究牙齿的人

indent 使成锯齿状"in"里面＋"dent"牙——放到牙里面，锯齿

edentate 贫齿类动物"e"出＋"dent"牙＋"ate"——牙都拔

出去。

dental 牙齿的"dent"牙 + "al"（形容词后缀）——牙的

介绍的这几种方法，或许能帮助你提高英语成绩，不再为英语的发音和单词的记发愁！

紧跟磁带的眼睛

世界上没有成功是缘于偶然，就像每个 100 分的答卷背后都倾注了无数汗水和努力一样。

当很多大学生都在为全国英语四、六级考试埋头啃书背单词时，有个刚刚小学毕业的女孩其英语的听说读写能力已经达到了一名优秀研究生的水平。

刚开始接触英语时，小女孩只是和爸爸在家利用小木偶进行最简单的日常英语会话。当她对英语萌发了兴趣，并且拥有了一定的理论基础，爸爸便给她买了一台复读机。勤奋的女孩每天都会反复地听英语，听熟了就跟着读。后来爸爸对女孩说："现在你来当老师，复读机就是你的学生，你要是念的比复读机慢，你的学生可就要超过你啦！"小女孩打起十二分的精神，集中注意力不断地练习。功夫不负有心人，勤奋练习的小姑娘终于追上了复读机的速度，并渐渐地超过了它。

"和复读机比速度"是小女孩学英语的一个重要方法。小女孩所用的方法，就是我们今天要说的——模仿 + 朗读。

模仿和朗读都要用最最标准的发音，试想一下如果你的发音和磁带的发音不一样，那么你肯定就会听不懂标准的发音。而且，如果你的发音从开始就是错的，那么久而久之，当你已经习惯这种错误的发音后，要改掉它，至少需要"养成习惯的一个周期"——也就是 21 天的时间。这样不仅浪费了失之不回的宝贵时间，还会在以后培养语感道路上

自设障碍。所以正确的发音十分重要。

另外，在听力材料的选择上也要用心。要尽量选择难度适中、自己感兴趣的文章作为材料。刚开始对自己的要求不要太高。如果你是小学生却想要马上听懂原声版的新闻、科普知识，显然是很困难的。这样只会适得其反，不但会给自己造成很大的心理压力，还会导致对英语听力练习失去兴趣。所以，一定要选择适合自己的听力材料，努力坚持，循序渐进，不要毕其功于一役，切记欲速则不达。

很多人在进行听力练习的时候总是觉得磁带的语速太快，大脑还没有反应过来，一大段话就过去了。但试想一下如果你讲话的速度和磁带的速度一样甚至比磁带还快，你还会听不懂磁带在说什么吗？还会觉得磁带语速过快吗？所以，我们首先要提高自己大脑的反应速度。这就需要我们在平时的生活中多积累，万丈高楼平地起，基础是关键。而英语中至关重要的基础就是单词，一定要有丰富的单词储备，这样才能一步一步地提高英语水平。

另外，值得注意的是，训练听力重在精，而不在多。你要知道，一篇课文听 10 遍的效果要远远大于 10 篇课文每篇听一遍的效果。我们记忆单词时是用眼看用心记，虽然你是认识了这个单词但很可能你还是听不懂这个单词的发音，所以有时会出现看来很简单的对话但却听不懂的情况。听力练习是训练耳朵对单词的熟悉度，精听一盒磁带是用你的耳朵记忆这盒磁带里所有的单词句子、语音语调等等。

听力训练要反复多听，第一遍大致了解材料讲什么意思，然后一句一句仔细地听，听不懂的地方马上拿出原材料来找寻答案，然后把听不懂的地方再听一遍。在基本上理解材料内容之后，然后跟着模仿磁带的语音语调，一句一句地把听到的内容念出来，最好能默写下来，这样对于扩大词汇量也有很大帮助。如果你能将一段材料原汁原味地模仿出来，我相信，你的听力和口语能力就会有很大提高！

走出"哑巴英语"的窘境，释放你的耳朵和嘴巴，多听、勤说、速记，只要你坚持去做，对英语听说读写就会精通起来！

思维小故事

张杲卿智破凶杀案

　　明朝时，有个叫张杲卿的人当润州（今江苏省镇江市）知府，曾处理过一桩谋杀案。

　　一户人家，有夫妇两人。一天男人外出，天黑了也没有回来，家中

的女人忧心忡忡。第二天一早女人就站在门口观望，望眼欲穿，男人还是没有回来。第三天，女人红肿着双眼，痴等丈夫归来，结果还是不见人影。就这样又过了几天，忽然有人传报："你家菜园的水井里有一具尸体呀！"

女人听了，全身像筛糠似的颤抖着，匆匆跑到井边张望，果然隐隐约约见一具漂浮在水面上的男尸。女人看罢，便号啕大哭起来，一边哭，一边叫："我的亲人啊！"一边还将头往井栏圈上撞，还想往井里跳。左邻右舍看到这情形，于心不忍，纷纷动手将她拦腰抱住。

当即，几个好心人劝住女人，一起去向官府报案。张杲卿听罢女人的哀号哭诉，好言安抚她说："你务请节哀。你的男人到底是自杀，还是他杀，本官自会破案。"

邻舍说："他们夫妻十分恩爱，这个女人又向来贤慧、守本分，男人绝不会自杀的。"

女人听罢越发伤痛欲绝，竟悲伤得晕了过去。张杲卿令左右用冷水将她擦醒，又好言劝慰道："你要相信本官一定会替你做主，把案子弄个水落石出的。"说完，当即吩咐备轿上路，径直到案发现场去。

到了菜园，张杲卿叫女人和邻居们都围拢在井旁，向下面细细端详。过了许久，张杲卿问道："尸体是不是这位女人的丈夫啊？"

女人大哭道："是啊是啊！大人一定要替奴家伸冤哪！"

张杲卿说："你不必悲痛。请问大家，你们看是不是她丈夫啊？"

众人再看井里，复又面面相觑。有人说："水井这么深，实在难以辨认清楚。"

另一个人说："请大人让我们把尸体捞出来辨认吧。"

张杲卿笑道："现在先不必忙，当然以后总要装棺入殓的。"说完，对女人大喝一声道："好个刁猾的淫妇！你勾结奸夫谋杀了亲夫，还装出悲恸的样子来蒙骗本官！"

在场的众人一听如同晴天霹雳，一个个都愣了。唯独那女人重新又痛哭起来，边哭还边叫喊道："张大人，您可不要血口喷人哪！"

邻居也纷纷为她求情："大人，我们平时看她规规矩矩的，对丈夫体贴照顾，从没见她与不三不四的男人有勾搭行为。"

张杲卿面对众人，不慌不忙地说出了自己的证据。众人一个个噤若寒蝉，不能作答；那女人顿时收住眼泪，面色变得惨白。

张杲卿吩咐差役将女人收押。经过审讯，果然是女人同奸夫合谋杀死了亲夫。

你知道张杲卿有什么证据吗？

参考答案

张杲卿发现这么深的水井，大家都认为尸体无法辨认，唯独这妇人认定是自己的丈夫。这说明她早就知道这件命案了。

让你拥有魔法的记忆